Inga Jung

Betreten verboten!

Territorialverhalten bei Hunden verstehen

Kynos

Konrad-Zuse-Straße 3, D-54552 Nerdlen / Daun
Telefon: 06592 957389-0
www.kynos-verlag.de

Grafik & Layout: Kynos Verlag
Gedruckt in Lettland

3. Auflage 2023

ISBN 978-3-95464-097-3

Bildnachweis: Alle Fotos Inga Jung außer Titelfoto Nadine Krei; S. 13, 86, 97, 121, 142, 161, 173 Daniel Henke; S. 9, 43, 51, 76, 85, 93, 100, 127, 139, 156, 176, 177, 184 Daniel Jung; S. 27 Uta Kielau

Inhaltsverzeichnis

Betreten verboten!

Einleitung

Das territoriale Verhalten unserer Hunde wird in den letzten Jahrzehnten oftmals nicht mehr gern gesehen. Unsere Welt hat sich gewandelt, und ein Hund, der in einem Mehrfamilienhaus jedes Geräusch lautstark meldet, wird schnell zum Ärgernis. Territorialverhalten von Hunden gegenüber Besuchern, Postboten und Freunden der Kinder empfinden die meisten Menschen als Problem. Dabei war es über die Jahrtausende währende gemeinsame Zeit von Mensch und Hund hinweg und bis hinein in das 20. Jahrhundert stets eine erwünschte und viel gelobte Eigenschaft unserer Hunde, die durch gezielte Verpaarungen gefördert wurde. Schon im alten Pompeji wurden beispielsweise im Jahr 79 nach Christus Wachhunde gehalten, wie das berühmte Mosaik mit dem Hundebild und der Aufschrift „Cave canem“[1] wunderschön belegt. Die Tradition des Hundes, der die Häuser der Menschen bewacht, hat eine sehr lange Geschichte.

Hunde lieben es, im Zusammenleben mit ihren Menschen wichtige Aufgaben zu übernehmen. Sie möchten nicht einfach nur so neben uns her leben und sich füttern und streicheln lassen, sondern sie wollen sich für die Gemeinschaft nützlich machen und mit uns arbeiten. Für einen territorial motivierten Hund ist die Aufgabe des Aufpassers in jeder Hinsicht die naheliegendste Möglichkeit, seine Talente im Zusammenleben mit seinen Menschen einzubringen und uns im Alltag zu unterstützen. Er fühlt sich dadurch als wichtiger Teil seiner Familie. Ein schlichtes Verbot kann daher verständlicherweise zu Frustration und damit verbunden zu weiteren unerwünschten Verhaltensweisen führen. Wie man mit diesem Dilemma umgehen und das Zusammenleben mit einem territorial denkenden Hund für alle Seiten angenehmer gestalten kann, möchte ich auf den folgenden Seiten aufzeigen.

Wenn ich in diesem Buch von territorial denkenden Hunden spreche, dann bitte ich meine Leser, das nicht als Vermenschlichung aufzufassen und aus diesem Grunde abzulehnen. Es ist inzwischen wissenschaftlich erwiesen, dass Hunde durchaus in der Lage sind, zu denken. Natürlich nicht in vollständigen Sätzen, so wie wir, sondern im Rahmen ihrer eigenen Wahrnehmung. Und ein Hund plant selbstverständlich nicht das nächste Wochenende in Gedanken voraus. Aber er ist ohne weiteres fähig, Zusammenhänge zu erkennen und durch eigene Denkvorgänge Lösungen zu finden. Ein Hund kann aufgrund seiner Veranlagung und seiner individuellen Vorerfahrungen

1 lat., „Hüte dich vor dem Hund“

Situationen einschätzen, bewerten und entsprechend handeln. Aber ihm fehlen natürlich wichtige Informationen, die uns Menschen vorliegen, und er betrachtet die Welt aus einem anderen Blickwinkel als wir, daher sind seine Entscheidungen in unseren Augen oft falsch. Aus seiner eigenen Sicht hingegen sind sie logisch. Das zu wissen ist wichtig für uns, denn wir können unsere Hunde nur verstehen, wenn wir uns zumindest ansatzweise in sie hineinversetzen können.

Um das Verhalten von Hunden verständlicher zu machen, lasse ich meine Leser daher gern hin und wieder die Perspektive des Hundes einnehmen. Ich sehe auch dies nicht als Vermenschlichung an. Selbstverständlich kann man die Wahrnehmung und die Denkweise von Hunden und Menschen nicht vergleichen. Allein, was die geruchliche Wahrnehmung betrifft, leben Hunde in einer ganz anderen Welt als wir. Aber da wir Menschen keine Möglichkeit haben, uns in die Sinneswelt eines Hundes zu versetzen und die Gerüche und Geräusche in der gleichen Intensität wahrzunehmen, bleibt uns nur, uns im Rahmen unserer begrenzten Fähigkeiten in die Welt unserer Hunde hineinzudenken, um sie zu begreifen. Das wiederum halte ich für durchaus legitim, da die beiden Säugetier-Spezies Hund und Mensch doch auch einige Gemeinsamkeiten haben, auf denen wir aufbauen können. Gerade in den letzten Jahren hat die Verhaltensforschung – und hier insbesondere die Forschergruppe rund um Dr. Ádám Miklósi[2] – einige erstaunliche Ergebnisse hervorgebracht, die belegen, dass wir vermutlich sogar mehr gemeinsam haben, als wir bisher dachten.

Ihnen fällt vielleicht bei der Lektüre dieses Buches auf, dass ich es vermeide, das Wort „Hundebesitzer" zu benutzen. Ich rede lieber von „Mensch mit Hund" oder auch „ein Hund und sein Mensch", und das ganz bewusst, denn ich versuche darüber auszudrücken, dass der Hund kein Wesen ist, das wir besitzen und mit dem wir machen dürfen, was wir wollen, sondern, dass er ein Individuum mit eigenen Bedürfnissen ist. In meinen früheren Publikationen habe ich das nicht so eng gesehen, denn ich dachte, es ist ja nur ein Wort. Doch das ist es nicht, es spiegelt auch eine Einstellung dem Hund gegenüber wider, die von mangelndem Respekt vor dem Individuum gekennzeichnet ist und sich auch heute noch im Hundetraining bemerkbar macht. Auch wenn dies inzwischen überholt ist, gibt es immer noch Hundetrainer, die ihren Kunden vermitteln, sie müssten ihrem Hund ihren Willen aufzwingen, ihn teils sogar mit körperlicher Gewalt unterdrücken und zu ihrem gefügigen Untergebenen machen. Dabei wissen wir heute, dass Hundetraining, welches auf Lob und Kooperation basiert, dem Weltbild eines Hundes weitaus besser entspricht und für ihn sehr viel einfacher umsetzbar ist. Lernen ohne Zwang

2 Eine spannende, wenn auch nicht ganz einfach geschriebene Publikation von Dr. Ádám Miklósi finden Sie in den Buchtipps im Anhang.

und Angst ist zudem grundsätzlich effektiver und prägt sich nachhaltiger ein, nicht nur bei Hunden. Es gibt keinen Aspekt in der Hundeerziehung, der auch nur ansatzweise den Einsatz psychischer oder physischer Gewalt rechtfertigt.

Ich möchte mit diesem Buch Verständnis für das territoriale Verhalten unserer Hunde wecken und aufzeigen, wie diese Hunde die Welt sehen, aus welchen Beweggründen heraus ihr Verhalten entsteht und warum man ihnen das territoriale Denken nicht einfach aberziehen kann wie eine lästige Angewohnheit. Ich möchte aber auch deutlich machen, dass ein Hund, der glaubt, er müsse sein Haus beschützen, es manchmal nicht beim Bellen belässt, insbesondere dann, wenn das Bellen nichts nützt. Geht der Eindringling trotzdem weiter ins Haus hinein, dann bleibt dem verzweifelten Hund vielleicht nichts anderes übrig als zuzuschnappen. Auch wenn in den allermeisten Fällen nur ein blauer Fleck dabei entsteht, da der Hund nur warnen und nicht verletzen will, ist das natürlich nicht akzeptabel. Dem vorzubeugen, damit es gar nicht so weit kommt, ist die Aufgabe des Menschen. Die Verantwortung für das Verhalten Ihres Hundes liegt allein bei Ihnen. Dabei wäre es zu viel erwartet, von einem territorial motivierten Hund zu verlangen, dass er nach ein bisschen Training sein Verhalten komplett umkrempelt und auf einmal jeden Besucher freundlich empfängt. Das ist nicht das Ziel, so viel sei gleich am Anfang gesagt. Stattdessen müssen wir Menschen lernen, vorausschauend zu denken, geeignete Maßnahmen zu treffen und mit unserem Hund gemeinsam Strategien einzuüben, um unangenehme Situationen im Vorfeld zu entschärfen. Und das ist mit ein bisschen Voraussicht und Verständnis für den Hund gar nicht so schwer.

Territorial denkende Hunderassen

Die Veranlagung zu territorialem Verhalten hatten die Vorfahren unserer Hunde mit hoher Wahrscheinlichkeit schon, bevor sie sich dem Menschen anschlossen. Auch Wölfe verhalten sich territorial. Ein sesshafter Wolf, ein Wolfspaar oder ein Wolfsrudel (das nichts anderes ist als Wolfseltern mit ihrem Nachwuchs) benötigt ein ausreichend großes Gebiet mit einer entsprechend hohen Beutetierdichte. Dieses Gebiet wird gegen Konkurrenten verteidigt, denn es sichert den dort ansässigen Wölfen ihre Lebensgrundlage. Würden zu viele Wölfe auf zu engem Raum leben, dann würden sie die Beutetierdichte im Laufe der Jahre reduzieren und sich regelrecht ihre eigene Existenzgrundlage wegfressen. Ein solches Verhalten hätte sich im Laufe der Evolution niemals durchsetzen können. Dieses große, von ortsansässigen Wölfen exklusiv genutzte Gebiet wird daher nach außen gesichert.

Seitdem die Vorfahren unserer Hunde eng mit dem Menschen zusammenlebten und sich von den Resten der menschlichen Nahrung ernährten, ist das Gebiet, das sie verteidigen mussten, um die Nahrungskonkurrenz in Schach zu halten, stark geschrumpft. Es erstreckte sich in einem relativ engen Radius rund um die Behausungen ihrer Menschen herum, denn das waren in der Regel die Orte, an denen die Hunde Nahrung fanden. Sie hatten es nicht mehr nötig, große Reviere von mehreren hundert Quadratkilometern Größe zu verteidigen. Das könnte einer der vielen Vorteile sein, die die Nähe zum Menschen so attraktiv gemacht haben.

Die Menschen haben vermutlich bald bemerkt, dass es auch für sie Vorteile hat, wenn die Hunde ihre Behausungen und später auch ihre darin befindlichen Haustiere gegen fremde Menschen, fremde Hunde oder Raubtiere verteidigen, und sie haben sich dieses Verhalten der Hunde zunutze gemacht. Im Laufe der Jahrtausende begannen sie dann, gezielt solche Hunde miteinander zu verpaaren, die eine besonders hohe Wachsamkeit und Verteidigungsbereitschaft zeigten. Die Welpen hatten die entsprechende Veranlagung und lernten das Verhalten von ihren Eltern, und so gaben sie es auch an ihre eigenen Nachkommen weiter.

Kleine Hunde dienten schon früher auf den Höfen als „Alarmanlage".

Durch die gezielte Auslese auf territoriales Verhalten entwickelten sich im Laufe der Jahrtausende Hundetypen und später auch Hunderassen, die tendenziell mehr oder weniger stark dazu neigen, auch wenn es natürlich immer wieder individuelle Ausnahmen gibt.

> *Die Neigung zu territorialem Denken und Verhalten ist zu einem Großteil genetisch bedingt.*

Rasseeigenschaften beschreiben grundsätzlich nur eine Tendenz: Es ist keineswegs garantiert, dass jeder Rassevertreter diese Eigenschaften auch besitzt, aber es besteht eine recht hohe Wahrscheinlichkeit, dass z.B. ein Kangal ein ausgeprägteres Territorialverhalten zeigt als ein Labrador. Zumindest sollte man sich nicht wundern, wenn dem so ist, sobald der Hund mit etwa drei Jahren psychisch ausgereift ist.

Es ist wichtig zu verstehen, dass die Neigung zu territorialem Verhalten einem Hund bereits mit den Genen sozusagen in die Welpenkiste gelegt wurde. Diese Neigung kann er nicht einfach ablegen, nur weil wir Menschen dies von ihm verlangen. Es ist ihm ein angeborenes Bedürfnis. Territorialverhalten wird allerdings oft erst gezeigt, wenn der Hund psychisch gereift ist, also je nach Rasse etwa ab einem Alter von ein bis drei Jahren. Das Verhalten eines Junghundes, der erst ein halbes Jahr alt ist, sagt noch nicht viel darüber aus, ob er ein territorial motivierter Hund ist oder nicht.

Hunderassen, die bedingt durch ihre Geschichte eine recht stark ausgeprägte Neigung zu Territorialverhalten besitzen, sind:

- sämtliche Hunderassen, die den Herdenschutzhunden zuzuordnen sind, wie Maremmano Abruzzese, Aidi, Pyrenäenberghund, Kuvasz, Kangal, die verschiedenen Owtscharka-Schläge, Akbash und viele andere mehr.

- sämtliche Hunderassen, die in den vergangenen Jahrhunderten gezüchtet wurden, um Haus, Hof und bewegliche Güter zu bewachen, wie die verschiedenen Spitz-Schläge, einschließlich einiger nordischer und asiatischer Spitze, z.B. Akita Inu und Chow Chow, außerdem zahlreiche zu den Molossern (Doggenartigen) gehörende Rassen, Hovawart, Leonberger, Schnauzer, Dobermann und andere. In früheren Zeiten hielten sich viele Höfe sowohl kleine als auch große Hunde. Die Kleinen waren die „Alarmanlagen", während die Großen der Abschreckung dienten. Vor diesem Hintergrund darf man sich über die Wachsamkeit und Bellfreudigkeit mancher Kleinhunde, wie z.B. der kleinen Spitzrassen, nicht wundern.

Weiterhin gibt es Hunderassen, die mehrere unterschiedliche Aufgaben zu erfüllen hatten, zu deren Aufgabengebiet aber ebenfalls das Bewachen von Besitztümern gehörte. An dieser Stelle sind z.B. Jagdhunde wie Weimaraner, Rhodesian Ridgeback, die verschiedenen Terrier und Dackel aufzuführen, die neben ihren jagdlichen Eigenschaften oft auch ein ausgeprägtes Territorialverhalten an den Tag legen. Weiterhin aber auch viele Hüte- und Treibhunderassen wie beispielsweise die altdeutschen Hütehundschläge, die deutschen, belgischen und holländischen Schäferhunde, Schweizer Sennenhunde oder auch amerikanische Rassen wie der Australian Shepherd, die das Vieh nicht nur hüten, sondern auch bewachen sollten und außerdem in der Zeit, in der sie nicht am Vieh arbeiteten, zur Bewachung von Haus und Hof eingesetzt wurden.

Nicht zu vernachlässigen sind natürlich auch die zahlreichen Mischlinge sowie die ursprünglichen Dorf- und Straßenhunde, die sich oft komplett ohne menschlichen Einfluss zu regionalen Typen herausgebildet haben. Die meisten dieser sogenannten „Streuner" streunen gar nicht, sondern sind ausgesprochen ortstreu und leben in einem fest definierten Gebiet, das sie markieren und gegen Fremde verteidigen, sich also territorial verhalten.

Da in heutigen Zeiten immer mehr dieser Straßenhunde aus anderen Ländern eingefangen und nach Deutschland importiert werden und wir inzwischen häufig mit diesen Hunden in Kontakt treten, möchte ich sie keinesfalls außen vor lassen. Man darf allerdings nicht vergessen, dass die regionalen Schläge sich untereinander stark unterscheiden können und man hier nicht verallgemeinern sollte.

Große Hunde dienten der Abschreckung von Dieben.

An dieser Stelle möchte ich erneut betonen, dass der individuelle Charakter eines Hundes durchaus in vielen Punkten von den allgemeinen Eigenschaften seiner Rasse abweichen kann. Ein Hund ist ein zu hoch entwickeltes Lebewesen, als dass man erwarten könnte, dass alle Vertreter einer Rasse das gleiche Verhalten an den Tag legen.

Es gibt durchaus Labrador Retriever, die den Postboten zu ihrem größten Feind erkoren haben, auch wenn man von Vertretern dieser Rasse im Allgemeinen eher gewohnt ist, dass sie alle Menschen freudestrahlend willkommen heißen.

Und es gibt auch Pyrenäenberghunde, die einen Einbrecher glückselig in die Küche führen und ihm erwartungsvoll die Packung mit den Hundekeksen zeigen.

Jeder Hund ist ein Individuum mit einem ganz speziellen Charakter und einer ganz eigenen Persönlichkeit, die auch mal von der Norm abweichen kann. Da aber die Neigung zu territorialem Verhalten genetisch so stark verankert ist, gibt es durchaus rassetypische Tendenzen, die sich nicht leugnen lassen.

Neben der Genetik, welche die Grundausstattung bildet, mit der ein Hund auf die Welt kommt, spielen natürlich noch Umweltfaktoren und alle Erfahrungen, die der Hund im Laufe seines Lebens sammelt, eine ebenso wichtige Rolle. Man kann durch gezielte Übungen mit dem Welpen und Junghund dazu beitragen, dass er später ein weniger stark ausgeprägtes Territorialverhalten zeigt, nämlich indem man ihn zahlreiche positive Erfahrungen mit ihm bis dato unbekannten Besuchern sammeln lässt. Andersherum wird die Wahrscheinlichkeit, dass sich das territoriale Verhalten des Hundes stärker ausprägt, erhöht, wenn er in der Gemeinschaft mit anderen Hunden aufwächst, die sich deutlich territorial verhalten, und wenn er im Laufe seiner Jugendzeit zu wenige Erfahrungen mit Besuchern sammeln kann. Die Ausprägung, die das Territorialverhalten beim erwachsenen Hund haben wird, ist also keineswegs genetisch festgelegt, sondern zumindest beim jungen Hund noch durchaus modifizierbar. Ob er aber generell die Veranlagung zu territorialem Denken hat oder nicht hat, steht bei seiner Geburt bereits fest.

Das Kernterritorium wird besonders vehement verteidigt.

Was wird verteidigt?

Man unterscheidet zwischen dem Kernterritorium, dem Außenterritorium und dem Streifgebiet. Bei den meisten im Haus lebenden Hunden teilt sich dies wie folgt auf:

- Zum Kernterritorium gehören, soweit vorhanden, das Innere des Hauses/der Wohnung sowie meist auch das Innere des Autos.
- Zum Außenterritorium zählen der Garten bzw. die direkte Umgebung des Hauses/der Wohnung (im Mehrfamilienhaus z. B. häufig auch das Treppenhaus) sowie die direkte Umgebung des Autos.
- Zum Streifgebiet zählen alle regelmäßig besuchten Spaziergehwege, insbesondere die in der Nähe des eigenen Hauses gelegenen.

Die Bereitschaft eines Hundes, etwas oder jemanden zu verteidigen, richtet sich grundsätzlich nach dem Wert, den dieser Gegenstand oder diese Person für ihn hat.

Daraus lässt sich logisch schlussfolgern, dass das Kernterritorium meist mit der stärksten Intensität verteidigt wird, während die Verteidigungsbereitschaft im Außenterritorium schon etwas sinkt und im Streifgebiet noch geringer wird.

Dennoch ist es individuell sehr unterschiedlich, wie wichtig einem Hund die Bereiche sind, die zu seinem Territorium gehören und welche Prioritäten er setzt. Kern- und Außenterritorium werden von den meisten territorial motivierten Hunden auch gegenüber Menschen verteidigt, während sich territoriales Verhalten im Streifgebiet des Hundes immer nur gegen andere Hunde richtet. Doch gibt es auch innerhalb dieser allgemein gehaltenen Regeln deutliche individuelle Unterschiede, und jeder Hund muss nach seinem eigenen Maßstab betrachtet werden:

Es kann zum Beispiel sein, dass ein Hund den Innenbereich seines Hauses gegen alle Menschen und Hunde verteidigt, den Garten nur noch gegen Hunde und fremde Menschen und das Streifgebiet nur noch gegen Hunde.

Ein anderer Hund verteidigt den Innenbereich seines Hauses sowie den Garten nur gegen fremde Menschen und gleichgeschlechtliche Hunde, während er bekannte Menschen und gegengeschlechtliche Hunde freundlich begrüßt. Im Streifgebiet ist er gleichgeschlechtlichen Hunden gegenüber distanziert und freut sich überschwänglich über jeden gegengeschlechtlichen Hund und jeden Menschen.

Der „alte Herr" passt sonst gut auf sein Grundstück auf, aber der jungen Hündin kann er nicht widerstehen.

Betreten verboten!

Der dritte Hund verteidigt den Innenbereich des Hauses gegen alle Hunde und Menschen, im Garten ist er Menschen gegenüber distanziert, aber er lässt sie in Ruhe. Den Garten verteidigt er gegen fremde Hunde, freut sich aber über den Besuch von Hundefreunden. Im Streifgebiet ist er allen Hunden und Menschen gegenüber aufgeschlossen, abgesehen von dem Rüden, der direkt nebenan wohnt und den er auf den Tod nicht ausstehen kann.

Alle drei Hunde aus diesen Beispielen denken und handeln territorial, sie setzen aber unterschiedliche Prioritäten und sind auch unterschiedlich gesellig. Das ist eine Frage des Charakters, der Vorerfahrungen und der Individualentwicklung eines Hundes. Wie alle Verhaltensweisen ist auch Territorialverhalten eine sehr spezifische Angelegenheit, bei der man sich stets das Individuum anschauen und überlegen muss, was für diesen Hund im Einzelnen wichtig ist und wo man als Mensch gegebenenfalls aufpassen sollte.

Lebt ein Hund von Anfang an in einem Mehrfamilienhaus, dann ist es durchaus möglich, dass sein Territorialverhalten nicht so stark zum Ausdruck kommt, da außerhalb der eigenen Wohnung zu viele Menschen und gegebenenfalls auch Hunde unterwegs sind, mit denen er sich das Treppenhaus und alle Wege um das Haus herum teilen muss. Manche dieser Hunde verteidigen ausschließlich die eigene Wohnung. Dann ist es manchmal überraschend, wenn der Hund nach dem Umzug in ein freistehendes Einfamilienhaus auf einmal auch in der Umgebung des Hauses ein ausgeprägtes Territorialverhalten an den Tag legt, denn dort sind die Grenzen nach außen endlich klar definiert.

Das ist aber nicht immer der Fall. Es gibt auch Hunde, die in einer Mietwohnung jedes Geräusch im Treppenhaus und auf dem Gehweg vor dem Haus wahrnehmen und als potenziellen Eindringling melden. Für diese Hunde und ihr gesamtes Umfeld kann das Leben in so einer Wohnung recht anstrengend werden.

Es gibt noch einen weiteren Bereich, den viele Hunde als dem Kernterritorium zugehörig betrachten, und zwar das Auto. In diese Kategorie können selbstverständlich auch Wohnwagen oder Wohnmobil fallen. All das sind sozusagen mobile Wohnungen, die von den meisten Hunden ebenso hoch bewertet werden wie das standortfeste Zuhause. Und was hoch bewertet wird, das wird im Zweifel auch entsprechend vehement verteidigt. Lebt man mit einem territorial denkenden Hund zusammen, sollte man sich nicht wundern, wenn der Hund hinten auf der Rückbank ausrastet, sobald ein für ihn Fremder ins Auto steigt. Er weiß ja nicht, dass wir uns mit dieser Person für einen gemeinsamen Ausflug verabredet haben. In seinen Augen ist es einfach ungeheuerlich, dass sie so dreist ist, sich in unser mobiles Zuhause zu setzen. Wenn das alle tun dürften, wo kämen wir denn da hin ...!

Parkt das Auto auf einem gut besuchten Parkplatz, dann kann es gut sein, dass der Hund darin jedes Mal zu toben anfängt, wenn ein Passant an dem Auto vorbeigeht. Es gibt aber auch Hunde, die ganz genau darauf achten, wohin die vorbeigehenden Leute schauen und nur dann loslegen, wenn diese einen Blick ins Auto werfen oder es gar wagen, ihre Hand dem Türgriff zu nähern.

Camping mit einem territorial motivierten Hund kann schwierig werden. Insbesondere dann, wenn er die Umgebung zunächst für sich hatte und nach ein oder zwei Tagen auf einmal auf einem der Nachbarstellplätze ein weiterer Hund auftaucht. Das kann unter Umständen richtig böses Blut geben, denn der Nachzügler hat aus Hundesicht überhaupt nicht das Recht, sich einfach so nebenan in dem bereits deutlich als Außenterritorium unseres Hundes markierten Bereich einzunisten. Eine Frechheit sondergleichen.

Dasselbe kann einem übrigens auch zu Hause passieren, wenn in der Nachbarschaft eines territorial denkenden Hundes ein neuer Hund einzieht.

Manche Hunde fangen nach kurzer Zeit an, jeden Ort, an dem sie sich eine Weile aufgehalten haben, nach außen zu verteidigen. Man könnte sagen, sie „ziehen einen imaginären Gartenzaun", denn es ist wirklich so, dass sie dann um sich herum im Geiste eine Linie ziehen, die niemand übertreten darf, der nicht die Befugnis dazu hat.

Das kann schon mal zu peinlichen Situationen führen, wenn man zum Beispiel mit seinem Hund auf einer Parkbank eine Pause einlegt und ein nichtsahnender Passant sich daneben setzen möchte. Oder wenn der Hund im Restaurant unter dem Tisch hervorschießt, um diesen gegen den heraneilenden Kellner zu verteidigen.

Wie man sich in den hier geschilderten Situationen verhalten sollte und wie man sie entschärfen kann, beschreibe ich ausführlich im Praxisteil dieses Buches.

Wie sieht ein territorial denkender Hund die Welt?

Um als Mensch, der mit einem territorial denkenden Hund zusammenlebt, vorausschauend agieren zu können und Probleme zu vermeiden, muss man wissen, wie der Hund die Welt sieht. Ganz wichtig für diese Hunde sind Grenzen – sowohl verschwommene Grenzen als auch fest definierte Grenzlinien.

Nehmen wir zum Beispiel die Haustür. Das ist eine fest definierte Grenze. Geht ein Besucher einfach so durch diese Tür ins Haus hinein, dann ist das eine Grenzverletzung, die einen territorial denkenden Hund alarmiert. Je nachdem, was für einen Charakter der Hund hat, wird diese Handlung in ihm mehr oder weniger starke Emotionen hervorrufen und es sollte uns nicht wundern, wenn er nun von uns eine Handlung erwartet (nämlich dass wir den Eindringling wieder hinauskomplimentieren), oder aber er selbst aktiv wird.

Einfach nur dazustehen und nichts zu tun oder womöglich den Menschen, der da wie selbstverständlich die Grenze zum Kernterritorium übertritt, zu begrüßen, ist für einen territorial denkenden Hund keine Option. Ich glaube nicht, dass er sich überhaupt vorstellen kann, dass wir so etwas Verrücktes von ihm erwarten könnten.

Auch innerhalb des Hauses ist wieder jede Tür eine Grenze, und das Durchschreiten der Tür ruft im Hund Alarmbereitschaft hervor; insbesondere dann, wenn der Hund bereits in einem Raum ist und der Besucher ebenfalls diesen Raum betritt.

Weiterhin gibt es noch gedachte Grenzlinien bei bestimmten Arten der Raumaufteilung. Stehen zum Beispiel ein Sofa oder ein Regal mitten im Raum, der Hund liegt dahinter, und ein Besucher kommt hinter der Ecke hervor und läuft in das Blickfeld des Hundes, dann hat der Besucher auch hier wieder eine Grenze übertreten.

Die Umgebung wird auf potenzielle Eindringlinge hin gescannt.

Diese imaginären oder auch deutlich sichtbaren Grenzverläufe zu kennen ist im Zusammenleben mit einem territorial denkenden Hund sehr hilfreich, denn dadurch kann man vorausschauend handeln und schwierige Situationen von vornherein vermeiden.

> *Grenzlinien und die Positionen im Raum sind für territorial denkende Hunde von großer Bedeutung.*

Es ist kaum zu glauben, aber ich habe schon sehr oft erlebt, dass im Zuhause eines territorial motivierten Hundes das Hundebett oder die Box, in der der Hund sich aufhalten sollte, direkt neben einer Durchgangs-Zimmertür stand. Und dann wurde sich gewundert, warum der Hund jeden Besucher, der durch diese Tür kam, in die Hacken biss. Dabei wurde ihm durch die Position seines Liegeplatzes genau diese Torwächterrolle zugeteilt. Er saß wie ein kleiner Wachposten direkt hinter der Tür und lauerte darauf, dass ein Besucher die Grenze übertrat – und das selbstverständlich im festen Glauben, dass seine Menschen ganz genau das auch von ihm erwarteten, denn warum sonst hätten sie ihm diese Position zuteilen sollen?

Die Positionen im Raum sind auch in Bezug auf uns Menschen wichtig. Stellen Sie sich vor, Sie sind mit Ihrem Hund im Garten und ein Fremder kommt an das Tor und macht Anstalten, Ihren Garten zu betreten. Wenn Ihr Hund direkt am Tor bei dem Fremden ist, während Sie noch weit hinten im Garten stehen, wird seine Reaktion auf diesen vermutlich weit heftiger ausfallen, als wenn Sie selbst direkt am Tor stehen und Ihr Hund hinter Ihnen ist. Denn durch Ihre Position direkt vor der „Bedrohung" signalisieren Sie Ihrem Hund, dass Sie sich selbst um die Gefahrenabwehr kümmern. Ist er hingegen „an vorderster Front" und Sie im Hintergrund, dann fühlt er sich natürlich zuständig und wird schneller aktiv werden. Ist er von dieser Aufgabe auch noch überfordert, wird seine Reaktion unter Umständen sogar sehr heftig sein. Wie man dieses Wissen um die Bedeutung der Positionen im Raum im Alltag anwendet, bespreche ich noch ausführlicher im Praxisteil.

Immer wieder erlebe ich, dass Menschen jahrelang mit einem territorial denkenden Hund zusammen leben und trotzdem nicht verstehen, wie ihr Hund die Welt sieht. Zum Beispiel erzählte mir einmal eine Bekannte ganz aufgebracht, ihr Australian Shepherd habe nach einem ihrer Besucher geschnappt. Dabei habe sie den Hund doch extra angeleint.

Ich fragte, ob der Besucher denn zum Hund hingegangen sei. Daraufhin meinte sie: „Naja, wir waren draußen am Grillen und da war eine Treppe, über die die Besucher alle rausgehen mussten. An dem Geländer hab ich ihn angebunden."

Ich kannte den Hund als sehr pflichtbewussten Aufpasser, der seine Wohnung notfalls ernsthaft verteidigen würde. Ich hatte daher meiner Bekannten im Vorfeld empfohlen, ihn nicht frei herumlaufen zu lassen, wenn Besuch kam. Sie hatte aber offenbar nicht den Sinn dahinter verstanden, nämlich dass der Hund auf Abstand zum Besuch gehalten werden sollte. Stattdessen

hat sie ihn an der einzigen Engstelle, an der alle Besucher vorbei mussten, angebunden. Was anderes sollte der Hund denn wohl daraus entnehmen als den eindeutigen Auftrag: „Ich soll aufpassen, dass hier niemand vorbeikommt. Ich bin der Wächter der Treppe."

Ich erzähle das, um darauf hinzuweisen, wie wichtig es ist, sich im Voraus Gedanken darüber zu machen, wo man in Situationen, die schwierig werden könnten, seinen Hund platziert und wie man sich selbst verhält. Dabei muss immer beachtet werden, welche möglichen Aktionen der Menschen oder Hunde, mit denen man es zu tun hat, den eigenen Hund in Alarmbereitschaft versetzen könnten. Auch das kann sehr individuell sein, daher sind eine gute Beobachtung des eigenen Hundes und das Wissen über seine Eigenschaften unerlässlich. Beispielsweise reagieren manche Hunde auf Männer misstrauischer als auf Frauen. Wenn das bei Ihrem Hund der Fall ist, müssen Sie bei Männern eben mehr aufpassen und Ihren Hund gegebenenfalls, je nach Situation, vielleicht auch durch eine Leine sichern. Das Wissen darum, was der Hund als nächstes tun könnte, ist die beste Versicherung gegen unwillkommene Überraschungen. Das erlangen Sie nur, indem Sie immer ein Auge auf Ihren Hund haben und lernen, seine feinen Signale zu deuten, die einer Handlung grundsätzlich vorausgehen. Und wenn es nur ein aufmerksames Aufstellen der Ohren ist – irgendein Signal gibt es immer, man muss es nur sehen.

Eine weitere Grenzlinie ist die Grenze zum Außenterritorium, also in der Regel der Gartenzaun oder die Hecke. Ist keine solch sichtbare Begrenzung vorhanden, gibt es aber auf jeden Fall eine imaginäre Grenze, über deren genauen Verlauf der Hund Bescheid weiß und die er höchstwahrscheinlich auch exakt mit Urin markiert hat. Das Außenterritorium wird von vielen territorial motivierten Hunden vehement verteidigt. Dies führt häufig zu Problemen, wenn Besucher dieses Gebiet durchqueren müssen. Es gibt immer wieder Menschen, die ihr Haus komplett auf allen vier Seiten mit einem Zaun umringt haben und ihren territorial motivierten Hund im Garten frei herumlaufen lassen, und die dann allen Ernstes vom Postboten erwarten, dass dieser durch den Garten mit dem freilaufenden Hund bis zum Haus geht, um dort die Post einzuwerfen. Das ist nicht nur gedankenlos, sondern grob fahrlässig, denn selbstverständlich wird ein pflichtbewusster Hund dieses Verhalten des Postboten keineswegs tolerieren. Es kommt nach wie vor oft in solchen Situationen zu Unfällen, weil die Menschen nicht darüber nachgedacht haben, wie gefährlich diese Situation sein kann.

Ausprägungen von Territorialverhalten und der Faktor Unsicherheit

Territorialverhalten sieht nicht immer gleich aus. Wie genau es sich äußert, hängt vom Charakter und den individuellen Vorerfahrungen eines Hundes ab. In der Verhaltensbiologie unterscheidet man oft grob zwischen zwei Charaktertypen: Typ A und Typ B.

Der A-Typ ist ein aktiver Hund, der immer vorne dabei ist, alles gleich erkunden will, alles als Erster mitbekommen möchte, dabei aber manchmal auch zu vorschnell ist und überstürzt handelt. Dabei verrennt er sich hin und wieder. Als territorial motivierter Hund wird der A-Typ jedes Mal einer der Ersten sein, die am Zaun stehen und die Lage checken.

Der B-Typ hingegen schaut sich das Ganze erst einmal von weitem an. Lebt er mit einem A-Typ zusammen, dann beobachtet er zunächst, was sein Kumpel macht, bevor er sich selbst zu einer Handlung entschließt. Der B-Typ ist insgesamt zurückhaltender und neigt weniger zu überstürzten Aktionen.

Das sind natürlich nur Grundtendenzen, die durch das Umfeld und die Gegebenheiten verwischt werden können. Hat man beispielsweise einen B-Typ, der sich von anderen Hunden leicht zum Mitmachen motivieren lässt, dann kann es sein, dass er im Zusammenleben mit einem A-Typ ebenfalls sofort zum Zaun rennt, wenn dort etwas los ist. Ist aber der A-Typ nicht zu Hause, dann wird der B-Typ im Zweifel vermutlich erst einmal liegen bleiben und die Lage in Ruhe sondieren.

In Bezug auf das Territorialverhalten sind A-Typen tendenziell die Hunde, die um die Ecke geschossen kommen und den Postboten in die Hacken zwicken, während die B-Typen sich langsam annähern, ihm noch ein wenig Gelegenheit zum Rückzug geben und ihm dann erst in aller Ruhe zu verstehen geben, dass er sich jetzt besser nicht mehr bewegen sollte.

Bezieht man die oben erwähnten Hunderassen mit ein, dann findet man unter den Herdenschutzhunden tendenziell mehr B-Typen, während sich die A-Typen eher unter den kleinen Terriern und einigen Hüte- und Treibhunderassen tummeln.

Nun kommt aber noch ein weiterer Faktor hinzu, der das Verhalten eines territorial motivierten Hundes entscheidend mit beeinflusst: der Faktor Unsicherheit.

Unsicherheit bewirkt, dass der Hund in Situationen, in denen er Entscheidungen treffen muss, aufgeregt ist und sich rasch überfordert fühlt.

Es ist vor diesem Hintergrund nicht überraschend, dass alle Reaktionen eines unsicheren, territorial motivierten Hundes auf Besucher oder andere Hunde in seinem Territorium oder Streifgebiet sehr viel heftiger erfolgen als bei einem selbstsicheren Hund. Nehmen wir ein Beispiel, das einem im Alltag sehr häufig begegnet:

Unser territorial motivierter Hund trifft in seinem Streifgebiet einen gleichgeschlechtlichen Artgenossen, der frontal auf ihn zuläuft und ihn direkt ansieht, was unter Hunden als Drohverhalten gewertet werden kann. Unser Hund nimmt diesen Hund als Eindringling in sein Revier wahr, der sich zu allem Überfluss auch noch ziemlich bedrohlich verhält.

Unser Hund ist ein A-Typ. Zudem ist er nicht souverän, sondern sich seiner selbst nicht besonders sicher. Was wird wohl passieren?

Richtig: Unser Hund schießt wild bellend und knurrend mit gesträubtem Nackenfell in Angriffshaltung auf den Gegner los.

Dessen Mensch ist entsetzt, denn sein Hund „wollte doch nur mal guten Tag sagen“. Die bedrohliche Körperhaltung seines Hundes hat er nicht wahrgenommen.

Dass unser Hund von diesem Treffen nicht begeistert war, ist klar, aber warum hat er so heftig reagiert? Weil er sich durch die Anwesenheit und das Auftreten des anderen Hundes provoziert und gleichzeitig überfordert fühlte.

Da er sich in seinem Revier befand, war in seinen Augen das bedrohliche Verhalten des anderen Hundes eine Herausforderung, die er nicht ignorieren durfte. Als A-Typ denkt er nicht lange nach, sondern handelt impulsiv seinen aktuellen Gefühlen entsprechend. Und die Unsicherheit verstärkt seine Reaktion, so dass sie unangemessen heftig ausfällt. Alltag in deutschen Wohngebieten. Und eigentlich halb so wild, durchaus nachvollziehbar und vor allem auch vermeidbar, wenn man um die Hintergründe Bescheid weiß.

Unsichere Hunde fühlen sich schneller unwohl, gestresst und überfordert. Das kann sich unterschiedlich auswirken. Es kann zum Beispiel sein, dass ein territorial motivierter und zugleich unsicherer Hund bereits gelernt hat, mit Besuchern im Haus klarzukommen und sich dann normalerweise auch einigermaßen entspannen kann. Diesmal dauert ein Besuch aber ungewöhnlich lange. Ein Verwandter ist aus weiter Ferne angereist und im Gegensatz zur sonstigen Gewohnheit fährt er nicht nach zwei bis drei Stunden wieder weg, sondern er bleibt über Nacht. Das stresst unseren unsicheren Hund dermaßen, dass er am zweiten Tag nach dem Frühstück plötzlich aufspringt und dem Besucher in die Fersen schnappt, als der auf dem Weg zur Toilette ist.

Unsicherheit und Aufregung führen oft zu besonders heftigen Reaktionen.

Auch wenn ein Hund bereits gelernt hat, mit Besuchersituationen umzugehen, darf man den Druck nicht unterschätzen, der unter Umständen auf ihm lastet, wenn er den Wunsch, den Fremden aus seinem Haus zu vertreiben, für längere Zeit zurückdrängt. Impulskontrolle ist nicht in unendlichem Maße vorhanden, irgendwann ist sie aufgebraucht, und dann kann ein kleiner Auslöser das Fass zum Überlaufen bringen. Da Unsicherheit mit Aufregung einhergeht, ist es leicht verständlich, dass unsichere Hunde hier mehr Schwierigkeiten haben als selbstsichere und in sich ruhende Persönlichkeiten.

Wird aggressives Verhalten besonders schnell und unangemessen heftig gezeigt, dann ist – sofern der Hund körperlich gesund ist – ebenfalls fast immer Unsicherheit mit im Spiel. Unsicheren Hunden kann und sollte man auf jeden Fall helfen, indem man ihnen sowohl Vertrauen in sich selbst vermittelt als auch das Vertrauen in ihre Bezugspersonen und deren Fähigkeiten, sie zu beschützen. Viele der von mir im Praxisteil beschriebenen Tipps sind unter anderem auch gut dafür geeignet, unsicheren Hunden mehr Sicherheit zu geben.

Manchmal liegt, wie oben beschrieben, eine Mischmotivation vor, in dem Sinne, dass der Hund territorial denkt, aber gleichzeitig auch noch unsicher Fremden gegenüber ist. Hier haben wir zwei Motivationen, die beide zum Ziel haben, den Fremden möglichst schnell wieder aus der Wohnung zu vertreiben, und die sich gegenseitig verstärken. Entsprechend heftig fällt in diesen Fällen die Reaktion des Hundes aus. Das gibt es recht häufig.

Hin und wieder sieht es aber auch nur so aus, als sei ein Hund territorial motiviert, und in Wirklichkeit ist ausschließlich die Unsicherheit die Ursache seines Verhaltens. Dies habe ich schon häufig bei Hunden gesehen, die generell, auch draußen auf den Spaziergängen, Fremden gegenüber unsicher waren. Meist weichen diese Hunde auf der Straße fremden Menschen aus oder versuchen alternativ, sie durch Gebell und Scheinangriffe von sich fernzuhalten. Manchmal haben sie auch vor anderen Dingen Angst, die ihnen draußen begegnen, z. B. vor bestimmten Geräuschen, Autos oder anderen Hunden. Die Liste kann unter Umständen lang sein.

Für diese Hunde ist ihr Zuhause ihr sicherer Rückzugsort. Es ist der einzige Ort, an dem sie sich wirklich entspannen, an dem sie schlafen können und sich geborgen fühlen. Es ist der Inbegriff der Sicherheit.

Und nun kommen auf einmal fremde Menschen in diesen intimen Bereich, machen Krach, schauen dem Hund bedrohlich in die Augen, wollen ihn eventuell sogar anfassen ... auf einmal fühlt sich der sichere Rückzugsort an wie eine Falle. Für den unsicheren Hund ist das der reinste Horror. Da ist es doch nicht verwunderlich, dass er die Fremden anbellt und zu verscheuchen versucht. Das hat aber in diesem Fall nichts mit Territorialverhalten zu tun, es handelt sich hierbei um reine Selbstverteidigung.

Es ist wichtig zu wissen, was im Hund vorgeht, um die Situation für alle Anwesenden bestmöglich zu gestalten. Habe ich einen unsicheren Hund, der Angst vor Fremden hat, dann ist es zum Beispiel keine gute Idee, den Besucher mit Leckerlis auszustatten und den Hund zu sich locken zu lassen. Das macht ihn in dessen Augen nur noch gruseliger, denn er beschäftigt sich viel zu sehr mit dem unsicheren Hund und widmet ihm zu viel Aufmerksamkeit. Außerdem fühlt der Hund sich vielleicht durch das Futter verführt, viel näher an den gruseligen Menschen heranzugehen als er sich normalerweise trauen würde. Greift der Mensch dann womöglich noch nach dem Hund, um ihn zu streicheln, gerät der Hund völlig in Panik und läuft entweder weg oder geht zum Angriff über.

Besser wäre es für einen solchen Hund, wenn der Fremde ihn überhaupt nicht beachtet und so tut, als sei er gar nicht da. Das gibt dem Hund Sicherheit. Futter, das die Situation durchaus positiv aufwerten kann, kommt ausschließlich von einer Bezugsperson, der der Hund vertraut und bei der er gleichzeitig Schutz suchen kann. Dann wird er sich im Laufe der Zeit beruhigen und vielleicht sogar entspannen können.

In den letzten Jahren begegnen mir vermehrt Hunde, die auf die verschiedensten Alltagssituationen unsicher reagieren. Sehr oft ist dies eine Folge mangelnder positiver Erfahrungen oder Überforderung in der Welpenzeit. Auch eine gestresste Hundemutter überträgt die Stresshormone und ihr unruhiges Verhalten direkt auf ihre Welpen. Die Folge sind Unsicherheit, Ängstlichkeit, aber oft auch Hyperaktivität oder – aus der Selbstverteidigung heraus – plötzliche aggressive Attacken gegen alles, was dem Hund als bedrohlich erscheint.

Es würde den Rahmen dieses Buches sprengen, darauf im Detail einzugehen. Sollten Sie aber mit einem unsicheren, ängstlichen oder hyperaktiven Hund Ihr Leben teilen, werfen Sie bitte einen Blick in die Buchtipps zum Weiterlesen im Anhang dieses Buches. In der dort aufgelisteten Literatur finden Sie wertvolle Anregungen für das Leben mit solchen Hunden und Praxistipps zur Verbesserung der Situation.

Schnüffeln und Markieren

Für uns Menschen ist es nur ein unschöner gelber Fleck – für den Hund ist eine Urinmarke ein Quell vielfältiger Informationen. Er kann aus so einem bisschen Pipi nicht nur herauslesen, ob da ein Rüde oder eine Hündin war, sondern auch, in welchem aktuellen Hormonstatus dieser Hund sich befindet, ob er kastriert ist oder nicht, ob er gesund ist oder krank, und wenn ja, welche Krankheiten er hat, ob er jung oder alt ist usw. Wie viele Informationen ein Hund genau erhält, wenn er eine Urinmarkierung untersucht, ist uns Menschen immer noch nicht komplett klar, weil diese Welt der Hunde uns mit unserer begrenzten Wahrnehmungsfähigkeit schlichtweg verschlossen ist.

Das Markieren und die damit verbundene Kommunikation mit anderen sind dem Hund ein Bedürfnis.

Wenn ein Hund am Wegesrand markiert, dann ist das nicht nur eine reine Besitzanzeige, wie wir Menschen mit unserer eingeschränkten Wahrnehmung lange Zeit geglaubt haben, sondern weit mehr als das. Es ist ein differenzierter Informationsaustausch mit anderen Hunden über den Weg der geruchlichen Kommunikation. Ähnlich wie wir mit anderen Menschen über die Distanz telefonieren, so kommunizieren Hunde mit anderen Hunden über ihre Markierungen.

Ein Hund drückt durch seine Urinmarkierung aus, dass er an diesem Ort war und dass er ein Recht hat, sich an diesem Ort aufzuhalten – dies ist der Hauptgrund, warum schüchterne Hunde selten markieren und sich manchmal sogar gar nicht trauen, sich draußen zu erleichtern. Es kann so weit gehen, dass diese Hunde ihr kleines und großes Geschäft nur im eigenen Haus oder Garten erledigen. Denn wer draußen keine Spuren hinterlässt, der wird so wenig wie möglich von anderen Hunden wahrgenommen. Er hat allerdings auch keine Berechtigung, sich in dem Gebiet aufzuhalten. Häufig sieht man dieses Phänomen bei sehr unsicheren Hunden, die neu in eine Gegend gezogen sind, in der bereits andere Hunde leben.

Neben der Botschaft „ich war hier“ wird die Botschaft „ich darf mich hier aufhalten“ durch häufige Markierungen unterstrichen. Werden bestimmte Dinge oder befreundete Menschen und Tiere markiert, drückt das ein Zusammengehörigkeitsgefühl aus. „Wir gehören zusammen, denn wir riechen gleich“ ist Ausdruck einer Kommunikation nach außen. Weniger wichtig ist hierbei der Ausdruck der Besitzanzeige, er spielt aber in manchen Konstellationen auch eine Rolle, zum Beispiel wenn ein Hund sein eigenes Spielzeug markiert.

Die Kommunikation mit Artgenossen über Geruchsbotschaften ist für Hunde ebenso bedeutend wie für uns das Gespräch mit unseren Mitmenschen.

Mit jeder Urin- und Kotmarkierung hinterlässt ein Hund seine komplette Visitenkarte inklusive Gesundheitszeugnis und Statusanzeige seines hormonellen Zyklus. Das erklärt, warum selbstbewusste Hunde häufig öfter und an höher gelegenen (und dadurch besser durch andere Hunde auffindbaren) Stellen markieren als schüchterne Hunde. Außerdem ist es natürlich eine Frage, wie wichtig einem die Botschaft, die eine Markierung übermittelt, ist, und hier sind wir wieder beim Thema Territorialverhalten angekommen. Denn natürlich ist es einem Hund, der territorial denkt und Wert darauf legt, dass die Hunde der Umgebung ihn in seinem Revier und seinem Streifgebiet wahrnehmen, wichtiger, viele Markierungen zu hinterlassen. Ein Hund, der mit allen anderen Hunden nur spielen will und jeden in seinem Haus als Freund willkommen heißt, legt einfach weniger Wert darauf, dass alle wissen, wo genau er seine Reviergrenzen ansetzt. Vielleicht weiß er das selbst nicht so genau, weil es ihm nicht viel bedeutet.

Die Analyse einer Kot- und Urinmarkierung ist für den Hund anstrengend. Je älter ein Hund wird, desto schwieriger wird es für ihn in der Regel, die Düfte zu analysieren und einzuordnen, weil das Riechvermögen im Alter abnimmt. Deshalb brauchen alte Hunde – und übrigens oft auch kurzschnäuzige Hunde, die durch die Deformation ihres Kopfes häufig mit Einschränkungen des Riechvermögens und Atemnot zu kämpfen haben – länger für die Analyse von Duftmarken als jüngere Hunde. Das Schnüffeln auf dem Spaziergang ist geistige Auslastung in ihrer natürlichsten Form. Ein Hund, der auf einem langsamen Spaziergang ausgiebig geschnüffelt hat, wird danach erschöpfter und zufriedener sein als ein Hund, der die gleiche oder gar eine längere Strecke am Fahrrad mitgelaufen ist, dabei aber nicht anhalten durfte. Möchten Sie Ihrem Hund die Möglichkeit geben, sich geistig zu betätigen, Erfahrungen zu sammeln und seelisch zu reifen, dann geben Sie ihm täglich die Möglichkeit zu schnüffeln, statt ihn immer weiterzuziehen. Er wird es Ihnen mit mehr Zufriedenheit und Ausgeglichenheit danken.

Das Markieren ist wichtig für unsere Hunde. Insbesondere für territorial denkende Hunde ist es Ausdruck ihrer Persönlichkeit und Teil ihres Weltbildes. Dennoch müssen wir natürlich Rücksicht auf unsere Mitmenschen nehmen. Es sollte sich eigentlich von selbst verstehen, dass wir darauf achten, wo unsere Hunde ihre Markierungen hinterlassen. Am frisch in weißer Farbe gestrichenen Gartenzaun oder Garagentor unseres Nachbarn beispielsweise machen sich gelbe Flecken nicht besonders gut, und verständlicherweise kann das sogar einen Hundefreund auf die Palme bringen. Ich selbst war auch nicht besonders begeistert, als bei einer Veranstaltung ein – trotz der Bitte, die Hunde an der Leine zu lassen – frei herumlaufender Rüde meine Fototasche markierte. Das ist respektlos; nicht vom Hund, der es natürlich nicht besser weiß, sondern von seinem Menschen, der sich nicht um seinen Hund kümmert. Hier sind wir gefragt, darauf zu achten, dass die Markierungen unseres vierbeinigen Familienmitgliedes kein fremdes Eigentum beschädigen.

Apropos fremdes Eigentum: Wenn Sie Besuch von befreundeten Hunden bekommen oder mit Ihrem Hund einen befreundeten Hund zu Hause besuchen, sollten Sie sich nicht wundern, wenn es dabei zu Markierverhalten kommt. Im Garten findet oft ein regelrechtes Wettpinkeln statt, und zwar nicht nur unter Rüden, sondern durchaus auch unter Beteiligung territorial motivierter Hündinnen. Und selbst im Haus kann es dazu kommen, dass ein Rüde oder eine ältere Hündin das Bein am Türpfosten heben, wenn es dort beispielsweise nach junger Hündin riecht. Die Verlockung ist in dem Fall einfach zu groß. Machen Sie dann kein großes Aufsehen darum, sondern halten den betreffenden Hund einfach gut unter Beobachtung und putzen die Stelle sorgfältig, damit nicht gleich der Nächste sich genötigt fühlt, dort ebenfalls zu markieren.

Unsere Hunde setzen auch Kot als Markierung ab, und auch dieser trägt unglaublich viele Informationen in sich, die durch andere Hunde analysiert und ausgewertet werden. In menschlichen Augen ist Kot allerdings lediglich unhygienischer Unrat, und daher entfernen und entsorgen wir ihn selbstverständlich. Insbesondere dann, wenn er auf Privatgrundstücken gelandet ist, ebenso wie auf Straßen, Bürgersteigen und sonstigem öffentlichem Grund sind wir verpflichtet, den Hundekot wegzuräumen.

Nicht nur Rüden heben das Bein, um ihre Duftmarken optimal zu platzieren.

Hat Territorialverhalten etwas mit den Sexualhormonen zu tun?

Die Antwort auf diese Frage ist ein klares „Jein“. Denn es kommt ganz darauf an.

Im Kernterritorium, also im Haus oder in der Wohnung, und hier insbesondere Menschen gegenüber, geht es mehr um Nutzungsrechte, genau wie bei uns Menschen auch. Sitzen wir abends gemütlich vor dem Fernseher, würde es uns sicher entsetzen, wenn irgendwelche wildfremden Menschen plötzlich hereinstampfen und unser Wohnzimmer als Durchgang benutzen würden. Das dürfen die nicht, das ist unser Wohnzimmer, die haben gefälligst draußen zu bleiben.

So empfindet es auch ein territorial denkender Hund, wenn Fremde auf einmal ins Haus kommen und sich dann womöglich auch noch so verhalten, als seien sie bei uns zu Hause. Besonders wenn Handwerker mit ihrem Werkzeugkoffer anrücken und an unseren Gegenständen herummanipulieren, reagiert so manch ein Hund extrem alarmiert: Das können die doch nicht einfach machen, das sind unsere Sachen, irgendjemand muss diesem Treiben Einhalt gebieten!

Mit Sexualhormonen hat das aber nichts zu tun.

Anders stellt es sich Artgenossen gegenüber dar. Hier werden gegengeschlechtliche Hunde von einem territorial denkenden Hund meist eher toleriert als gleichgeschlechtliche, und da geht es tatsächlich auch um die sexuelle Konkurrenz und um Fortpflanzungspartner. Bei vielen Hunden bilden Kern- und Außenterritorium einen Ausnahmeraum, in dem auch gegengeschlechtliche Hunde nicht toleriert werden, andere sind hier freizügiger. Im Streifgebiet hingegen ist es grundsätzlich so, dass gegengeschlechtliche Hunde eher akzeptiert werden. Wenn nicht, dann hat diese gegenseitige Abneigung in der Regel andere Gründe als eine territoriale Motivation.

Insbesondere der Faktor Unsicherheit spielt hier eine wichtige Rolle, der natürlich auch gemeinsam mit territorialem Denken auftreten kann und dann das Verhalten in die eine oder andere Richtung beeinflusst. Außerdem gibt es auch bei Hunden durchaus ganz persönliche Abneigungen, genau wie wir Menschen auch manchmal einen anderen Menschen nicht ausstehen können. Sehr viele Hunde haben einen ganz speziellen Erzfeind, der sie komplett die Beherrschung verlieren lässt. Oftmals reicht es schon aus, wenn dieser Hund gerade den Weg, auf dem unser Hund nun läuft, entlang gegangen ist und dort seine Duftspur hinterlassen hat, um unseren Hund völlig die Fassung verlieren zu lassen. Das ist eine ganz normale, natürliche Reaktion, schließlich kann nicht jeder jeden mögen. Und wenn man sich nicht aus dem Weg gehen kann, weil man gezwungenermaßen in direkter Nachbarschaft zueinander lebt, dann entstehen eben Konflikte.

Territorialverhalten und Sexualverhalten gehören in gewissen Bereichen zusammen.

Aber zurück zur sexuellen Konkurrenz: Unsere Hunde sind sich nicht der Tatsache bewusst, dass wir Geburtenkontrolle betreiben und sie sowieso niemals zur Fortpflanzung kommen werden. Daher ist ein gleichgeschlechtlicher Hund im eigenen Revier grundsätzlich ein Konkurrent. Es ist ein Ziel vieler territorial denkender Hunde, die gleichgeschlechtlichen Konkurrenten aus ihrem Streifgebiet zu vertreiben und natürlich auch zu verhindern, dass sich neue dort ansiedeln – einer der Gründe dafür, warum neu zugezogene Hunde es oft mit den Hunden der Nachbarschaft schwer haben. Im Kern- und Außenterritorium eines ortsansässigen Hundes hat die Konkurrenz ohnehin nichts zu suchen, das sollte klar sein. Wer sich in seinen Garten verirrt, hat nichts Gutes zu erwarten.

Bei Hündinnen ist es übrigens auch egal, ob sie kastriert wurden, denn Hündinnen durchlaufen in ihrem normalen Sexualzyklus immer wieder Phasen von geringer hormoneller Aktivität, die dem Hormonspiegel einer kastrierten Hündin ähnlich sind. Daher kann man mit einer gewissen Wahrscheinlichkeit davon ausgehen, dass eine kastrierte Hündin sich ähnlich fühlt wie eine unkastrierte Hündin in der Zeit geringer hormoneller Aktivität zwischen zwei Läufigkeiten. Sie wird daher ebenso wie eine unkastrierte Hündin die „Konkurrenz aus dem Weg räumen" wollen, um ihre Fortpflanzungschancen so hoch wie möglich zu halten. Zu erwarten, dass eine Hündin nach der Kastration weniger Aggressionen gegenüber anderen Hündinnen zeigen wird, wäre unsinnig.

Bei Rüden ist es etwas anders. Da die Sexualhormone bei einem erwachsenen Rüden stets aktiv sind, wirkt sich eine Kastration meist deutlich auf sein Verhalten aus. Allerdings oftmals nicht so, wie die Menschen sich das vorgestellt haben. Durch die Kastration verlieren viele Rüden enorm an Selbstbewusstsein, werden unsicher und reagieren daher unerwartet heftig auf Artgenossen. Statt einer Reduzierung des Aggressionsverhaltens erreicht man durch die Kastration eines Rüden in vielen Fällen eher eine Verschlimmerung, da sich seine Reaktionen durch den Faktor Unsicherheit, wie oben bereits beschrieben, verstärken.

Sexuelle Konkurrenz spielt natürlich auch beim Territorialverhalten eine Rolle.

Möglich ist auch, dass ein kastrierter Rüde sich nicht mehr traut, sein Territorium gegen andere, unkastrierte Rüden zu verteidigen. In dem Fall wäre die Kastration dann, zumindest was das vom Hund gezeigte Verhalten angeht, erfolgreich. Ich habe allerdings auch schon des Öfteren erlebt, dass so ein Hund im Laufe der Jahre dann doch immer mehr Unsicherheiten entwickelt und irgendwann zum typischen Leinenpöbler wird, der andere Hunde wild anbellt, um sie auf Abstand zu halten. Eine Garantie dafür, dass nach der Kastration alles gut wird und die Menschen dann einen freundlichen Rüden an der Leine haben, gibt es keineswegs.

Hat Territorialverhalten etwas mit Dominanz zu tun?

Wie in fast allen anderen Lebenssituationen auch, werden die Anhänger der verschiedenen „Dominanz"-, „Rudel"- und „Rangordnungs"-Theorien auch im Territorialverhalten schnell Aspekte finden, die einem Hund unterstellen, er sei „dominant". Ist man Anhänger der Dominanztheorien, dann ist das leicht, denn hat man erst einmal die „Dominanzbrille" auf, dann sieht man eigentlich überall Hinweise auf Dominanzverhalten. Jedes Knurren, jedes Fixieren eines anderen Hundes, jedes Futterbetteln und Aufmerksamkeitsheischen, jedes Vordrängeln an der Tür, jedes Schlafen an der falschen Stelle im Raum usw., alles kann dann irgendwie mit diesem Zauberwörtchen Dominanz gedeutet werden. All diese Verhaltensweisen können objektiv betrachtet aber auch sehr viel plausibler und simpler mit anderen Ursachen erklärt werden. Zum Beispiel bettelt der Hund am Tisch, weil er gelernt hat, dass dies zu einem schmackhaften Erfolg führt. Oder er liegt an dieser Stelle im Raum, weil es dort so schön kühl ist. Und so weiter. Und dann stellt sich heraus, dass all das überhaupt nichts mit Dominanzverhalten zu tun hat.

Wichtig zu wissen ist zunächst, dass sich zwischen Mensch und Hund überhaupt keine Rangordnung in dem Sinne, wie es einem die Anhänger der Dominanztheorien weismachen möchten, ausbildet. Es muss also niemand Angst haben, dass sein Hund irgendwann die „Herrschaft" über ihn anstrebt, denn ein solcher Machtkampf, wie ihn manche Hundetrainer beschwören, existiert zwischen Mensch und Hund schlichtweg nicht. Genau wie der Wolf lebt auch der Hund in den gleichen familiären Strukturen wie wir. Ein Wolfrudel ist nichts anderes als eine Familie mit Mutter, Vater und Kindern, genau wie bei uns Menschen auch. Der domestizierte Hund hat, im Gegensatz zum Wolf, die Tendenz, sich in unsere menschliche Familie einzugliedern, wobei er grundsätzlich von sich aus den Status eines Kindes einnimmt – altersentsprechend vielleicht nicht unbedingt den eines Kleinkindes, sondern eher den eines rebellierenden Teenagers, der seinen eigenen Kopf hat, aber keineswegs möchte er in dieser Konstellation eine Führungsposition einnehmen. Letzteres ist aber ein sich leider extrem hartnäckig haltender Mythos, der schon vielen Hunden ein leidvolles Leben in ständiger Unterdrückung beschert hat.

Selbstsicherheit ist eine Charaktereigenschaft,
Dominanz hingegen nicht.

Dominanzverhalten in dem Sinne bildet sich, wenn überhaupt, nur innerhalb einer Gruppe von Hunden oder Wölfen aus, die auf engem Raum unfreiwillig zusammen leben. So wurden in Wolfsgehegen Dominanzstrukturen und teilweise aggressives Verhalten beobachtet, was aber keinerlei Aussagekraft in Bezug auf das Normalverhalten von Wölfen hat, da die Tiere dort unter unnatürlich stressigen Bedingungen leben und sich nicht aus dem Weg gehen können. In freier Wildbahn ist dieses Verhalten nicht zu beobachten. Und es ist erst recht nicht auf das Verhalten unserer Haushunde, die einzeln oder mit wenigen Artgenossen mit uns Menschen zusammen im Haus leben, übertragbar.

Beim Territorialverhalten haben wir es nun auch nicht mit einer Interaktion innerhalb einer sozialen Gruppe zu tun, sondern Territorialverhalten wird gegenüber Außenstehenden gezeigt, die eben nicht zur eigenen sozialen Gruppe gehören. Somit schließen sich schon von der Definition her Dominanzverhalten (nach innen) und Territorialverhalten (nach außen) aus.

Territorialverhalten definiert sich durch die Verteidigung des Reviers, des Zuhauses, des Heims gegenüber fremden Eindringlingen. Es beinhaltet oft aggressive Kommunikation, die dem Zweck dient, die Fremden aus dem eigenen Revier fernzuhalten und die eigenen Aufenthaltsrechte zu wahren. Sie dient aber nicht dem Zweck, einen wie auch immer gearteten sozialen Status zu demonstrieren, denn das wäre bei der Verteidigung des Zuhauses schlicht irrelevant.

Territoriale Aggression

Niemand spricht gern darüber, denn der eigene Hund ist natürlich der liebste Hund der Welt, aber Territorialverhalten hat selbstverständlich auch etwas mit Aggression zu tun. Schließlich geht es einem territorial handelnden Hund um die Verteidigung seines Lebensraumes und all der Dinge, die ihm wichtig sind, um die Vertreibung von Konkurrenten und die Abwehr von Eindringlingen. Das sind durchaus ernste Anlässe, die in den Augen des Hundes keine Zimperlichkeit zulassen.

Aber auch wenn wir es in puncto Territorialverhalten oft mit Aggression zu tun haben, ist das kein Grund, zu verzweifeln oder den Hund komplett umkrempeln zu wollen. Denn Aggression gehört durchaus zum Normalverhalten eines Hundes dazu. Und es geht gar nicht darum, den Hund völlig aggressionsfrei zu bekommen, sondern es reicht im Normalfall, ihn so zu managen und so verantwortungsvoll zu führen, dass keine Gefahr von ihm ausgeht.

Schauen wir uns doch erst einmal an, was Aggression überhaupt ist und warum aggressives Verhalten gezeigt wird.

> *Aggression ist keinesfalls immer etwas Schlechtes, Zerstörerisches, sondern aggressive Kommunikation dient durchaus auch der Vermeidung von Auseinandersetzungen.*

Wenn beispielsweise ein Hund einen anderen Hund durch Anstarren und Knurren davor warnt, sich weiter anzunähern, und dieser andere Hund darauf mit Ausweichen reagiert, dann konnte durch diese aggressive Kommunikation eine ernsthafte Auseinandersetzung zwischen diesen beiden Hunden erfolgreich vermieden werden.

Im Bereich des Aggressionsverhaltens sprechen wir von einer Eskalationsleiter[3].

An ihrem unteren Ende ist der Hund neutral.

3 Nicht immer werden alle beschriebenen Verhaltensweisen komplett ausgeführt, und manchmal werden sie auch so schnell hintereinander gezeigt, dass man es mit bloßem Auge kaum erkennt.

Territorialverhalten hat selbstverständlich auch etwas mit Aggressionsverhalten zu tun.

Nehmen wir an, er wird von einem Menschen bedrängt. Er fühlt sich unwohl und zeigt das, indem er sich mit der Zunge über die Schnauze leckt, den Blick oder den ganzen Körper abwendet, gähnt, schmatzt, schluckt, wegzugehen versucht. Er zeigt also Beschwichtigungssignale und versucht auszuweichen, die Situation zu beruhigen. Sein Gesicht ist angespannt.

Das alles macht deutlich, dass dem Hund die Situation unangenehm ist. Zeigt Ihr Hund Ihnen gegenüber diese Signale, sollten Sie sich sofort zurücknehmen und ihm mehr Raum geben, um ihm im Gegenzug zu signalisieren, dass Sie ihn nicht bedrohen.

Manche Hunde verfallen in eine regelrechte Schreckstarre oder fangen an sich zu kratzen oder zu schütteln, um den Druck loszuwerden, was von ihrem Menschen leider oft mit Sturheit oder Aufsässigkeit verwechselt wird. Andere versuchen, wenn die unangenehme Situation sich nicht auflöst, durch albernes Verhalten und Spielaufforderungen die Lage zu entschärfen. Auch das ist dann keineswegs Ungehorsam. Achten Sie gut auf solche Signale.

Nehmen wir nun an, die Bedrohung geht nicht weg.

Mit steigendem Druck beginnt der Hund mit einem leichten Nasenrückenrunzeln, sein Blick ist immer noch abgewandt. Die Ohren sind angelegt, der Körperschwerpunkt ist hinten.

Reagiert sein Gegenüber nicht darauf, folgt ein leises Knurren.

Kommt immer noch keine Reaktion, dann wird das Knurren deutlicher, die Zähne werden jetzt entblößt, und der Blick geht ein wenig mehr in die Richtung des Gegenübers.

Wird die Situation noch unangenehmer, spannt sich der Körper des Hundes an und sein Blick wird starr, er ist aber immer noch leicht abgewandt. Das Nackenfell sträubt sich.

Es kann sein, dass er sich nun groß macht, sich aufrichtet, eventuell mischt sich ein Bellen unter das lauter werdende Knurren.

Als nächstes folgt ein Schnappen, manchmal zusammen mit einem gehemmten Vorspringen.

Erst wenn die Bedrohung auch dann nicht verschwindet, folgt ein Angriff.

Bis zum Ende der Eskalationsleiter kommt es unter Hunden, die sich gut kennen, selten, denn Hunde untereinander erkennen die vorhergehenden Signale in der Regel gut und reagieren darauf, auch wenn sie nur kurz zu sehen sind. Menschen dagegen haben oft keinen guten Blick für das Verhalten ihres Hundes und übersehen die ersten „Stufen" der Eskalationsleiter. Dann heißt es, der Hund habe „plötzlich und ohne Vorwarnung" gebissen. Das stimmt meist nicht, sondern der Mensch hat die Vorwarnungen schlicht nicht wahrgenommen. Mit einem geschulten Blick und guter Beobachtung kann man die Situation hingegen schon in einem frühen Stadium erkennen und wieder beruhigen. Das zu üben ist wirklich wichtig, denn Sie müssen sich immer vor Augen halten, dass all diese Signale, die der Hund vor dem letzten Punkt, dem Angriff, einsetzt, dazu dienen, eben diesen Angriff zu vermeiden.

Die geschilderte Eskalationsleiter beschreibt die Reaktion auf eine Bedrohung. Eine Bedrohung ist der häufigste Auslöser von aggressivem Verhalten. Im Grunde trifft genau dies auch auf das territoriale Verhalten unserer Hunde zu, nur mit dem kleinen Unterschied, dass der Hund sich in diesem Fall nicht selbst bedroht fühlt, sondern sein Revier als bedroht ansieht.

Achtung, hier wird gut aufgepasst.

Aggression wird also in sehr vielen Fällen gezeigt, wenn der Hund eine Bedrohung entweder für sich selbst und sein Wohlbefinden oder für etwas, das ihm wichtig ist – eine Bezugsperson, Futter, Spielzeug oder eben auch Haus und Garten – empfindet.

Dabei ist es höchst subjektiv, was als Bedrohung eingestuft wird. Während der eine Hund es schon als bedrohlich empfindet, wenn ihn ein fremder Hund nur aus 500 Metern Entfernung kurz anschaut, sieht der nächste Hund sogar eine Schein-Attacke gegen sich selbst noch nicht als kritisch an. Daher müssen wir Menschen lernen, unseren Hund gut zu beobachten und einzuschätzen, was für ihn als Individuum eine schwierige Situation sein könnte. Es hilft uns nicht weiter, immer zu sagen, „der Hund spinnt doch, da war gar nichts", denn wir können uns sicher sein, dass da irgendetwas war, das wir nur nicht gehört, gerochen oder gesehen haben. Wir müssen also unsere Sinne schärfen und zu ergründen versuchen, was genau unseren Hund so aufgeregt hat. Nur dann können wir auch vernünftig damit umgehen.

Auch der Faktor Mensch ist bei der Entstehung von aufgeregtem und aggressivem Verhalten nicht zu vernachlässigen. Hunde beobachten ihre Menschen sehr genau und nehmen alles wahr, was diese tun oder nicht tun. Der Grund dafür, dass die meisten Hunde zum Beispiel eine am Fenster vorbeifliegende Fledermaus nicht melden, liegt darin, dass wir Menschen auf diese Geräusche absolut nicht reagieren, da wir sie nicht hören können. Das stuft unser Hund als Desinteresse ein und misst dem Geräusch somit wenig Bedeutung bei.

Anders ist es, wenn wir hören, wie der Paketbote vorfährt und wir sehnlich auf eine bestimmte Sendung warten. Unser Pulsschlag geht hoch, wir gehen schnellen Schrittes zur Tür, wir denken uns: „Juhu, endlich kommen die schon vor einer Woche online bestellten Schuhe."

Was sieht unser Hund, wenn wir uns so verhalten?

Er hört, dass ein bestimmtes Auto vorfährt und wir auf einmal alles stehen und liegen lassen und uns aufgeregt verhalten. Was denkt er wohl, wenn wir so etwas tun?

Richtig: Achtung, Achtung, das könnte eine Bedrohung sein.

Viele Hunde sind sehr sensibel und nehmen die Emotionen ihrer Menschen ganz genau wahr. Frauen ist es beispielsweise unangenehm, wenn sie ungeschminkt und zerzaust zu Hause herumlaufen und der Paketbote auf einmal unerwartet vor der Tür steht. Wie peinlich, so würden sie normalerweise niemals das Haus verlassen. Ihr Hund aber hat keine Ahnung, dass die negativen Emotionen, die seine Bezugsperson gerade ausstrahlt, sich auf ihr zerzaustes Aussehen beziehen. Er verbindet diese mit dem Fremden, der da gerade vorgefahren ist.

Müssen wir uns jetzt noch wundern, wenn er jedes Mal zähnefletschend vor der Haustür steht und bellt, was das Zeug hält, sobald das Auto des Paketboten vorfährt?

Ganz wichtig ist auch die emotionale Situation der Familienmitglieder. Hunde sind sehr harmoniebedürftig und wünschen sich ein emotional stabiles Umfeld. Daher sieht man häufig auffälliges, überschießendes, heftiges Verhalten, auch im Bereich des Territorialverhaltens, sowie übermäßiges Gebell bei Hunden, bei denen zu Hause der Familiensegen schief hängt oder deren Familienmitglieder aus irgendeinem Grund unter starker emotionaler Belastung stehen. Denn wie bei allen Verhaltensweisen, die mit Aufregung einhergehen, werden auch das Bellen oder territoriale Aggression eines Hundes durch Stress gesteigert. Und ein Hund, der jeden Tag mitbekommt, wie seine Familie sich streitet, der leidet unter enormem Stress. Dies ist vergleichbar mit einem Kind, das gerade die Scheidung seiner Eltern miterlebt und darauf reagiert, indem es in der Schule ständig Prügeleien anfängt. Irgendwie muss man mit dem ganzen Druck ja fertig werden, da geht es Hunden nicht anders. Allerdings kann, je nach Typ, solch eine psychische Dauerbelastung einen Hund auch durchaus depressiv und krank machen. Besteht also bei

Ihnen gerade eine problematische und emotional belastende Situation, dann passen Sie auf, dass Sie nicht Ihren eigenen Stress auf Ihren Hund abladen, denn dieser kommt damit meist weniger gut klar, als man im Allgemeinen denkt. Versuchen Sie stattdessen, während der gemeinsamen Zeit mit Ihrem Hund den Augenblick zu genießen und Ihre Sorgen für kurze Zeit zu vergessen, das Positive zu sehen und Kraft zu tanken. Das tut nicht nur Ihrem Hund gut, sondern Ihnen selbst auch.

Natürlich ist nicht immer unser eigenes Verhalten schuld an der Reaktion unseres Hundes. Oft kommt er auch von selbst auf die Idee, dass jemand, der sich unserem Haus nähert, ein Eindringling sein könnte. Aber in vielen Fällen tragen wir ohne es zu wissen dazu bei, dass seine Reaktion besonders heftig ausfällt.

Strafe für aggressives Verhalten ist in jedem Fall kontraproduktiv, denn Strafe erhöht den Stresslevel des Hundes und macht ihn für die Zukunft in ähnlichen Situationen aufgeregter und reaktiver. Gerade wenn man es mit aggressivem Verhalten zu tun hat, sind Aufregung und Impulsivität so ziemlich das Letzte, was man sich wünschen sollte.

Hinzu kommt noch, dass Aggression häufig aus Frustration entsteht: Der Hund möchte den Postboten ein für alle Mal vertreiben, aber der Kerl kommt jeden Tag wieder. Das frustriert den Hund und verstärkt seine aggressive Reaktion. Wenn wir als Menschen dann noch zusätzlich Druck auf unseren Hund ausüben, ist es leicht verständlich, dass er noch stärker hochkocht als ohnehin schon, anstatt sich zu beruhigen.

Mit Ruhe und Besonnenheit kommt man dagegen sehr viel weiter, denn unser eigenes, ruhiges Verhalten beruhigt auch die Emotionen unseres Hundes. Indem wir vorausschauend handeln und brenzlige Situationen gar nicht erst entstehen lassen, und indem wir dem Hund für jede schwierige Situation ein passendes und ihm angenehmes Alternativverhalten beibringen, das er statt der aggressiven Reaktion ausführen kann, machen wir es ihm leichter, sich zu beherrschen und Aggressionsverhalten gar nicht erst aufkommen zu lassen. Wie genau das im Einzelfall geht, werde ich im Praxisteil ausführlich besprechen.

Die bewusste Entscheidung

Manche Menschen nehmen einen Hund mit unbekannten Vorfahren auf, beispielsweise aus dem Tierschutz, dessen rassetypische Verhaltenstendenzen niemand kennt. Zeigt ein solcher Hund ab einem gewissen Alter territoriales Verhalten, dann sind die Menschen überrascht und manchmal sicherlich auch überfordert und müssen sich zunächst einmal mit den unerwarteten Verhaltensweisen auseinandersetzen. Niemand kann diesen Menschen einen Vorwurf machen, denn das konnte wirklich keiner ahnen.

Wer sich aber bewusst für einen Hund einer bestimmten Rasse entscheidet, der ist in der Verantwortung, sich mit den Verhaltenstendenzen, zu denen diese Rasse neigt, im Vorfeld auseinanderzusetzen und sich zu fragen, ob er damit klarkommt und ob dieser Hund wirklich in sein Leben passt. Als ich mich für die Rasse Australian Shepherd entschieden habe, war mir bewusst, dass dies bedeutet, dass ich mich mit dem Thema Territorialverhalten auseinandersetzen muss. In meinem 2011 erstmalig erschienenen Buch über diese Hunderasse[4] betone ich ganz bewusst, dass diese Rasse zu territorialem Verhalten neigt, denn das sollte man auf jeden Fall bedenken, bevor man sich für so einen Hund entscheidet. Hat man sich im Vorfeld damit auseinandergesetzt, was auf einen zukommen könnte, ist es halb so wild, wenn es dann so weit ist. Als sich herauskristallisierte, dass meine jüngere Hündin eine starke territoriale Motivation hat, konnte ich somit rasch geeignete Managementmaßnahmen ergreifen, um unseren Alltag zu erleichtern. Sie hingegen ihngegen stellte mich in unseren ersten gemeinsamen Jahren vor ganz andere ‚unerwartete Herausforderungen[5].

Oftmals begegnen mir Menschen, die sich einen territorial denkenden Hund ausgesucht haben, damit dieser auf ihr Haus aufpasst und Einbrecher vertreibt, die sich aber keine Gedanken darüber gemacht haben, dass dieser Hund sein territoriales Verhalten auch im Garten, auf Spaziergängen und Besuchern gegenüber zeigen könnte. Oder aber die Menschen machten sich im Vorfeld überhaupt keine Gedanken über das Verhalten einer Rasse und haben sich den Hund gekauft, „weil der so hübsch ist“ oder „weil so einer mal im Fernsehen war“. Glücklicherweise gibt es verantwortungsbewusste

4 Unser Hund – Der Australian Shepherd, siehe Buchtipps im Anhang

5 Davon erzähle ich in meinem Buch „Zappelhunde – Vom Leben mit überaktiven Hunden“, zu finden in den Buchtipps im Anhang.

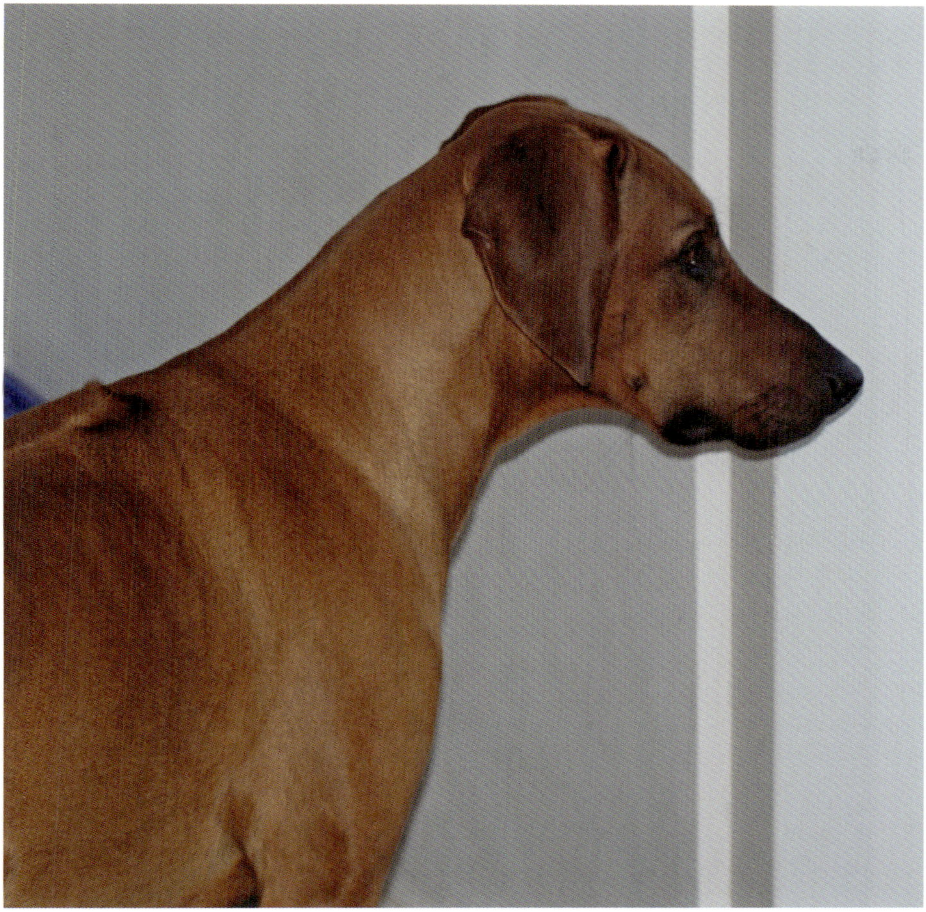

Wer sich bewusst für eine territorial denkende Rasse entscheidet, muss eben lernen, mit diesem Charakterzug umzugehen.

Züchter, die solchen Interessenten einen Hund dieser Rasse schnell wieder ausreden. Aber leider kommt es trotzdem immer wieder zu solchen fatalen Fehlentscheidungen, weil die Leute es einfach nicht glauben wollen, dass so ein Hund nicht zu ihrer Lebenssituation passt bzw. sie ihr Leben mit einem solchen Familienmitglied komplett umkrempeln müssten.

Eine gewisse Mitschuld daran tragen sicherlich auch die Medien. In Hundezeitschriften und den diversen TV-Sendungen rund ums Hundetraining, die heutzutage auf nahezu allen Sendern zu sehen sind, wird den Menschen in den letzten Jahren in zunehmendem Maße suggeriert, dass ein Hund beliebig formbar sei, wenn man nur die richtige Erziehungsmethode anwendet. So ist das aber nicht. Ein Hund ist keine Maschine, an der man ein paar Knöpfchen drückt und ein paar Schrauben verstellt, und schon läuft sie ganz anders als zuvor. Ein Hund ist ein Lebewesen mit einer Persönlichkeit und einem ganz eigenen Charakter, der sich nicht beliebig manipulieren lässt.

Territorialverhalten gehört, genau wie das Vorstehen beim Pointer, das Apportieren beim Labrador oder das „Auge zeigen" und das geduckte Schleichen beim Border Collie zu den angeborenen und züchterisch verstärkten Eigenschaften eines Hundes, die einfach zu ihm gehören und seine Persönlichkeit ausmachen. Seine Ausprägung ist sicherlich beim jungen Hund noch beeinflussbar, aber wenn ein Hund die Veranlagung zum territorialen Denken hat, wird er diese nicht einfach so ablegen können.

Ich möchte es ganz klar sagen: Wer sich bewusst für einen territorial denkenden Hund entscheidet und dann alles daran setzt, ihm das Territorialverhalten abzugewöhnen, läuft Gefahr, sich selbst und vor allen Dingen seinen Hund unglücklich zu machen.

Nun gibt es Menschen, die genau zu diesem Vorgehen raten und dazu auch noch ein Patentrezept haben, das auf den ersten Blick so aussieht, als würde es funktionieren:

Man nehme einen Welpen einer territorial denkenden Rasse und lasse diesen Hund noch vor der Geschlechtsreife kastrieren. Weiterhin bringe man dem Hund bei, dass er auf allen Spaziergängen grundsätzlich hinter seinem Menschen zu laufen hat und dass jedes Ausleben von Neugierverhalten, durch das er Selbstvertrauen entwickeln und sich geistige Anregungen verschaffen könnte, verboten ist. Man weise ihm einen einzigen, möglichst abgelegenen Platz an, auf dem er Kot und Urin absetzen darf, und verbiete ihm ansonsten rigoros, sich unterwegs an anderen Plätzen zu erleichtern. Markieren ist strengstens verboten.

Mit diesem Rezept soll dem Hund nun jeglicher Ansatz von Territorialverhalten ausgetrieben worden sein. Klingt einfach. Oder doch nicht?

Was passiert dabei eigentlich?

Zunächst bewirkt die frühe Kastration, dass der Hund sehr viel langsamer geistig und körperlich reift und erwachsen wird. Manche so früh kastrierte Hunde werden psychisch nie wirklich erwachsen. Ein jugendlicher Hund wiederum überlässt die Verteidigung des Territoriums den älteren Familienmitgliedern. Die frühe Kastration verschafft uns also Zeit. Beim Rüden ist es außerdem so, dass dieser durch die Kastration oftmals eine Menge Selbstbewusstsein einbüßt. Viele Rüden werden dadurch sogar sozial sehr unsicher. Bei Hündinnen hat die Kastration glücklicherweise meist nicht so dramatische Auswirkungen auf die Psyche.

Auch die anderen Maßnahmen zielen bewusst darauf ab, den Hund kein Selbstvertrauen entwickeln zu lassen. Dadurch, dass er immer hinter seinem Menschen laufen und niemals die Welt auf eigene Faust erkunden darf, wird er sich viele Dinge einfach nicht zutrauen. Er wird sich im Zweifel immer in dieser ihm vertrauten Position aufhalten wollen, weil ihm alles andere unheimlich ist.

Mindestens ebenso schlimm ist der dritte Punkt, das Verbot, Kot und Urin unterwegs abzusetzen. Denn ein Hund, der nie eine Duftmarke absetzt, ist in seinen Kommunikationsmöglichkeiten mit den anderen anwesenden Hunden stark eingeschränkt. Er hat in der Umgebung seines eigenen Zuhauses kaum Rechte, er ist ja quasi nicht vorhanden.

Man kann einem Hund seine grundsätzliche Veranlagung zum territorialen Denken aber nicht mit den Geschlechtsorganen abschneiden, die Kastration ändert daran gar nichts. Der Hund weiß daher auch ganz genau, wie andere territorial denkende Hunde ihn, der als Einziger in der ganzen Umgebung nicht markieren darf, betrachten, nämlich als Eindringling. Durch das Markierverbot kann er den anderen Hunden nie mitteilen, dass er ein Recht darauf hat, sich in dieser Gegend aufzuhalten. Er wird auch in dem Gebiet, das eigentlich zu seinem Revier gehören müsste, von den anderen als Fremder gesehen und im Zweifel auch so behandelt. Und er hat dem nichts entgegenzusetzen, das weiß er genau.

Also wird er vermutlich eher versuchen, Auseinandersetzungen aus dem Weg zu gehen und die anderen Revierbewohner, die dies auch nach außen spiegeln dürfen, nicht zu provozieren. Zumindest dann, wenn seine Menschen es schaffen, ihm den nötigen Schutz zu bieten. Sind diese Menschen allerdings damit überfordert oder vertreten gar die Meinung, die Hunde „machen das schon unter sich aus", dann kann es selbstverständlich auch sein, dass so ein Hund vor lauter Unsicherheit dazu übergeht, jeden anderen Hund, der ihm entgegenkommt, zu attackieren. Angriff ist schließlich die beste Verteidigung, und er weiß ja, dass er in dem Gebiet, in dem er nie markieren darf, eigentlich auch nichts zu suchen hat, ihm also im Zweifel von den anderen Hunden wirklich Gefahr droht.

Aus der Sicht der Menschen mag dieses Patentrezept, wenn es denn funktioniert, fantastisch sein, denn der eigene Hund geht scheinbar aggressionslos durch die Gegend. Aus der Sicht des Hundes ist es die reinste Folter. Durch medizinische Eingriffe und Verbote wird er daran gehindert, sein ihm angeborenes Normalverhalten zu zeigen. Er kann kein Selbstbewusstsein entwickeln und verbringt sein gesamtes Leben im Revier anderer Hunde, muss also – der Logik territorial denkender Hunde folgend – jederzeit damit rechnen, von einem der Revierinhaber angegriffen und vertrieben zu werden. Ein entspanntes, sorgenfreies Leben sieht sicher anders aus.

Meiner Ansicht nach ist diese Vorgehensweise in höchstem Maße tierschutzrelevant, zumal wir hier von Menschen sprechen, die sich bewusst einen Hund einer territorialen Rasse ausgesucht haben und ihm dann vorsätzlich durch physische und psychische Verstümmelung schon im jugendlichen Alter sein Leben lang ein unnatürliches Verhalten aufzwingen. Eine solche Vorgehensweise ist durch nichts zu rechtfertigen, insbesondere nicht durch das Bedürfnis nach Bequemlichkeit, denn man hätte sich ja von vornherein für eine Rasse entscheiden können, die dafür bekannt ist, dass sie ein geringer ausgeprägtes Territorialverhalten zeigt.

Um kein Missverständnis aufkommen zu lassen: Ist eine Kastration medizinisch notwendig, dann muss sie natürlich durchgeführt werden. Ich bin aber absolut dagegen, einen gesunden Hund in einem Alter kastrieren zu lassen, in dem er weder körperlich noch geistig erwachsen ist. Dadurch nimmt man ihm die Möglichkeit, im normalen Rahmen zu reifen und sich zu entwickeln, und auch mit dem Argument der Krebsvorbeugung ist dies in meinen Augen nicht zu begründen, da die wenigen gesundheitlichen Vorteile durch ebenso viele gesundheitliche Nachteile wieder aufgewogen werden.

Aber auch wenn Sie sich nicht bewusst für eine territorial motivierte Hunderasse entschieden haben, sondern sich Ihr junger „Labrador-Mix" aus dem Tierschutz nach einiger Zeit als waschechter Herdenschutzhund entpuppt, werfen Sie nicht gleich das Handtuch, sondern nehmen Sie Ihren Hund so wie er ist, und machen Sie das Beste draus. Versteifen Sie sich nicht auf die Vorstellung, wie Sie Ihren Hund gerne gehabt hätten, und geben Sie ihm keinesfalls die Schuld dafür, dass er nicht Ihrer Idealvorstellung entspricht. Unrealistische Erwartungen und Vorwürfe machen weder Sie noch Ihren Hund glücklich. Sehen Sie stattdessen Ihren Hund an und entdecken Sie, was für tolle Seiten er hat. Vielleicht ist er anders, als Sie sich das erträumt hatten, aber er hat garantiert auch seine Stärken, die Sie fördern können, während andere Verhaltensweisen vielleicht etwas ausgebremst werden sollten. Wenn Sie Ihren Hund so akzeptieren, wie er ist, dann werden Sie auch lernen, mit seinem für Sie zunächst vielleicht noch ungewohnten territorialen Verhalten umzugehen und es durch gutes Management und ein bisschen Training so zu lenken, dass es sich gut in Ihren Alltag integrieren lässt. So schwierig ist das gar nicht, man muss sich nur manchmal von seinen Wunschvorstellungen verabschieden und die Realität akzeptieren.

Bouvier des Flandres und Labrador – zwei sehr unterschiedliche Rassen, über deren Eigenschaften sich Interessenten vorab gut informieren sollten.

Die Sache mit der Verantwortung

Territorialverhalten sollte man nicht auf die leichte Schulter nehmen, denn viele Hunde meinen es mit der Verteidigung von Haus und Hof wirklich ernst. Einerseits aus eigenem Antrieb heraus und andererseits auch, weil die Hunde meist der Meinung sind, ihre Mithilfe beim Bewachen von Haus und Hof sei von uns erwünscht. Und aus ihrer Sicht handeln sie dabei absolut logisch und konsequent. Sie können schließlich nicht ahnen, dass wir uns darüber freuen, dass beispielsweise der Briefträger immer wieder ohne Vorwarnung unseren Grund und Boden betritt. Für einen Hund ist das schwer nachvollziehbar. Es liegt in unserer Verantwortung, dafür zu sorgen, dass sich niemand durch unseren Hund bedroht fühlt.

Auch wenn man immer mal wieder Menschen sieht, die darüber lachen, dass jemand vor ihrem Hund Angst hat, ist das keineswegs lustig. Insbesondere bei Männern begegnet man hin und wieder sogar Typen, die es als Aufwertung ihres männlichen Egos sehen, einen sich rüpelhaft verhaltenden Hund an ihrer Seite zu haben. Aggressionsverhalten des Hundes wird von ihnen aktiv bestärkt und sie belächeln es, wenn andere Menschen Angst vor ihrem Hund haben oder sind sogar stolz darauf. Ein solches Verhalten ist vollkommen verantwortungslos.

Ängste sind nicht rational, und selbst wenn die Angst eines Menschen oder eines anderen Hundes vor meinem Hund nicht begründet ist, lache ich nicht darüber, sondern ich sorge selbstverständlich dafür, dass mein Gegenüber sich wieder wohlfühlt, indem ich meinen Hund beispielsweise an die Leine nehme. Gerade in unseren Zeiten, in denen die Kampfhundehysterie immer wieder hochkocht und ein Hund, der einmal geschnappt hat, und sei es nur in die Luft, in den Medien als gefährliche Bestie hochstilisiert wird, müssen wir uns der Verantwortung, die wir für unseren Hund tragen, doppelt bewusst sein. Ist erst einmal eine Anzeige wegen vermeintlicher Gefährlichkeit eines Hundes erstattet, dann ist der Leidtragende immer der Hund, obwohl die Schuld letzten Endes bei seinem Menschen lag.

Auch wenn die Politiker, unsere aktuell gültigen Gefahrhundegesetze und die Sachverständige, die Wesenstests abnehmen, es lieber anders sähen:

Kein Hund muss in jeder Situation friedlich und freundlich reagieren. Kein Hund muss sich quälen lassen, ohne sich zu wehren, und kein Hund muss gegen seine eigene Logik handeln. Ein Hund ist für seine Taten nicht verantwortlich zu machen. Verantwortlich ist einzig und allein der Mensch, der mit diesem Hund zusammenlebt.

Ist man sich dieser Verantwortung bewusst, kennt seinen Hund, kann ihn einschätzen und weiß, welche Situationen für diesen Hund schwierig sind und wann er eventuell aggressiv reagieren könnte, dann ist es kein Problem, diesen Hund so durchs Leben zu führen, dass sich niemand von ihm bedroht fühlt.

Dazu gehört es, den Hund zu schützen, damit er gar nicht erst in eine Situation gerät, in der er sich wehren muss. Dazu gehört es, bestimmte Situationen auch einfach zu vermeiden. Dazu muss man vorausschauend handeln, aufmerksam sein und Rücksicht auf seine Mitmenschen und andere Tiere nehmen. Stimmen diese Voraussetzungen, dann wird der eigene Hund nicht zu einer Gefahr für andere, denn sein Mensch handelt so verantwortungsvoll, dass er schwierige Situationen im Vorfeld erkennt und Gefahren sowohl für den Hund als auch für die Umwelt abwendet, bevor sie entstehen können.

Mir begegnen leider immer mal wieder Menschen, die diese Verantwortung für ihren Hund nicht übernehmen möchten, sondern versuchen, alles auf ihre Umwelt abzuwälzen. Zum Beispiel sprach mich neulich eine Frau an, die einen territorial denkenden Spitz hatte. Sie war nach einem Spaziergang mit dem Hund im Auto vor ihrem Haus vorgefahren und wollte nun den Hund aus dem Auto holen, um mit ihm ins Haus zu gehen. Ohne sich umzuschauen, öffnete sie den Kofferraum, und ihr Hund sprang aus dem Auto und ging auf einen anderen Hund los, der gerade dabei war, neben dem Fahrrad seiner menschlichen Begleiterin am Haus vorbeizulaufen.

Warnschilder sind wichtig, ersetzen aber niemals unsere Aufsichtspflicht.

Ohne Frage, eine unschöne Situation, aber eine, die hätte vermieden werden können, wenn die Dame mit dem Spitz vorausschauend gehandelt und sich vor dem Öffnen des Kofferraums sorgfältig umgesehen hätte. Schließlich war ihr bekannt, dass ihr Hund sowohl sein Haus und dessen nähere Umgebung als auch sein Auto gegen andere Hunde verteidigt. Stattdessen versuchte sie aber im Gespräch mit mir vehement, die Schuld auf die Fahrradfahrerin abzuwälzen. Diese habe durch die Geschwindigkeit, mit der sie auf dem Fahrrad fuhr, ihren Hund provoziert. Sie hätte ja auch anhalten können, wenn da ein anderer Hund aus dem Auto springt ... Ausreden hatte sie viele, aber keine Spur von Schuldbewusstsein. So etwas macht mich schlicht sprachlos.

Ebenso sehe ich immer mal wieder Hunde, die frei und ohne Aufsicht auf ihren nicht eingezäunten Grundstücken herumlaufen. Diese Hunde bellen vorbeilaufende Hunde an, verfolgen sie teilweise ein ganzes Stück in eindeutiger Drohhaltung auf der Straße, starten Scheinattacken gegen sie. Es kommt sogar hin und wieder vor, dass ein vorbeilaufender Hund ernsthaft gebissen wird. So etwas mag vor zweihundert Jahren normal gewesen sein, aber heutzutage können sich ortsfremde Hunde nicht mehr selbst dazu entscheiden, lieber einen Bogen um von solchen Hunden bewohnte Straßen zu machen, sondern Menschen gehen mit ihnen spazieren und zwingen ihre Hunde oft unbewusst, durch fremdes Territorium zu gehen. Ein territorial denkender Hund, der sein Haus verteidigt, handelt nur logisch. Nicht der Hund ist schuld, wenn dabei jemand verletzt wird, sondern der Mensch, der hier seine Aufsichtspflicht nicht wahrnimmt.

Verantwortung und das Leben mit einem Hund sind nun einmal zwei Dinge, die stets Hand in Hand gehen. Ist man nicht dazu in der Lage, die Verantwortung für seinen Hund zu tragen, dann sollte man sich ernsthaft überlegen, ob man sich überhaupt dazu eignet, sein Leben mit einem Hund zu teilen und diesen gefahrlos durch die Welt zu führen.

Betreten verboten!

PRAXISTEIL

Im Alltag mit einem territorial denkenden Hund müssen wir immer im Kopf behalten, wie unser Hund Situationen einschätzen wird und dementsprechend vorausschauend handeln. Dabei ist jeder Hund individuell zu betrachten, denn bei jedem sind die Toleranzschwelle und die Reaktivität bedingt durch seine genetische Ausstattung und seine bisherigen Erfahrungen unterschiedlich ausgeprägt.

Man daher kann niemals einen Ratschlag geben, der auf alle Hunde passt, dafür sind Hunde einfach viel zu individuell. Ich werde aber hier im Praxisteil des Buches versuchen, verschiedene Szenarien und mögliche Reaktionen eines territorial motivierten Hundes darzustellen und darauf einzugehen, wie man sich in solchen Situationen am besten verhalten sollte bzw. wie man seinen Hund darauf vorbereiten kann, sie so entspannt wie möglich zu meistern.

Territorialverhalten ist oft mit Aggressionsverhalten verbunden. Die Frage, die man sich stellen sollte, lautet aber nie: „Was tue ich, wenn mein Hund Aggressionsverhalten gegenüber anderen Hunden oder Menschen zeigt?“

Sondern die Frage sollte immer lauten: „Wie kann ich so vorausschauend handeln, dass es gar nicht erst zu aggressiven Verhaltensweisen gegenüber anderen Hunden oder Menschen kommt?“

Management: ein wichtiger Baustein

Managementlösungen wirken oft banal, sind aber im Hundetraining unerlässlich. Managementmaßnahmen geben Sicherheit und ermöglichen oft erst einen entspannten Umgang mit dem Hund. Das ist wichtig, denn wenn sein Mensch nicht entspannt ist, wird der Hund das auch nicht sein. Meist kann Management das Training nicht ersetzen, aber es kann eine Atmosphäre schaffen, in der Hund und Mensch in Ruhe miteinander arbeiten und sich auf das Trainingsziel konzentrieren können.

Managementlösungen sind beispielsweise:

- ein Gartenzaun, der den Hund daran hindert, das Grundstück zu verlassen
- eine Hundeleine, die dem Hund einen je nach Umgebung mehr oder weniger großen Bewegungsradius ermöglicht
- ein Maulkorb
- eine geschlossene Haus- oder Zimmertür oder ein Kindergitter
- im Auto eine Hundebox oder ein Abtrenngitter
- die richtige Wahl des Standorts des Hundeschlafplatzes

Managementlösungen benötigen an sich keine Gebrauchsanweisung und sind einfach umzusetzen. Bei Hilfsmitteln wie Hundeleine, Maulkorb und Hundebox ist es allerdings notwendig, den Hund im Vorfeld in Ruhe daran zu gewöhnen, damit sie keine negativen Emotionen hervorrufen, welche die gesamte Situation für den Hund erschweren könnten. Schauen wir uns an, wie das umzusetzen ist.

Leinenführigkeit

Mit der Hundeleine sollte kein Hund etwas Negatives verknüpfen. Wichtig ist daher, dass der Hund nicht mit dem Anleinen das Ende von Spiel, Spaß und Freiheit verbindet, sondern dass auch an der Leine noch schöne, spannende Dinge passieren. Der Fantasie sind hier keine Grenzen gesetzt. So kann man beispielsweise auf dem Spaziergang den Hund an die Leine nehmen, ein paar Leckerlis auf dem Weg ausstreuen, nach denen er schnüffeln kann, und ihn danach wieder frei laufen lassen. Oder man lässt ihn nach dem Anleinen ein paar kleine Tricks vorführen, die er gerne macht: Pfötchen geben, sich um die eigene Achse drehen, tot stellen ... Außerdem darf natürlich nicht mit dem Anleinen ein Schnüffelverbot einhergehen, sondern er darf weiterhin seiner Nase nachgehen und interessante Spuren erschnuppern. Der Hund sollte auch nicht nach jedem Rückruf an die Leine genommen werden. Besser ist es, man ruft ihn auf dem Spaziergang öfter zu sich, lobt ihn, lässt ihn wieder laufen und nimmt ihn dann erst beim dritten oder vierten Rückruf an die Leine.

Die Leine kann für den Hund auch durchaus eine Verbindung zu seinem Menschen darstellen, die ihm Sicherheit gibt. Vorausgesetzt natürlich, der

Ein wichtiges Hilfsmittel, das nicht unterschätzt werden sollte, ist die Hundeleine.

Mensch verhält sich entsprechend rücksichtsvoll und verzichtet auf schmerzhafte Leinenrucke und unangenehme Abrupt-Stopps, wie sie oft von den Flexileinen-Menschen mit ihrem nervösen Daumen verursacht werden. Gerucke und Gezucke an der Leine kann auch dem geduldigsten Hund den Spaß an der Leinenführigkeit verderben.

Wichtig sind daher Ankündigungen. Schnüffelt Ihr Hund zu lange an einer Stelle, dann zerren Sie ihn nicht einfach weiter, sondern kündigen Sie Ihr Weitergehen an. Es spricht doch nichts dagegen, dem Hund vorher mitzuteilen, dass Sie jetzt den Weg wieder aufnehmen, damit er Gelegenheit hat, selbst, sich dazu zu entscheiden, Ihnen zu folgen. Ebenso sollten Sie es vorher ankündigen, wenn Sie anhalten oder umdrehen möchten. Es ist kein großer Aufwand, einem Hund diese einfachen Signale beizubringen, aber es ermöglicht einem ein sehr viel partnerschaftlicheres Spazierengehen, als man es mit der bloßen Lenkung durch die Leine je erreichen könnte. Ich bin auch der Meinung, dass es ein Zeichen von Respekt vor dem Hund ist, wenn man ihn nicht ohne Vorwarnung in die Leine rennen lässt oder einfach mit sich mitzieht, sondern ihm zuvor sagt, was gleich geschieht.

Zieht ein Hund an der Leine, geschieht das meist aus Aufregung. Viele Hunde, die draußen permanent an der Leine ziehen, sind in diesem Moment nicht wirklich ansprechbar und somit auch nicht lernfähig. Statt sich darüber zu ärgern, dass keiner der Tipps gegen das Leinenzerren des Hundes hilft, ist es daher oft ratsam, sich zu überlegen, warum der Hund eigentlich so aufgeregt ist. Ist es nur die Vorfreude auf den Spaziergang, dann kann man sich mit Stehenbleiben, Rückwärtsgehen oder Leckerli-vor-die-Nase-halten oft schon behelfen, bis der Hund sich etwas abreagiert hat und wieder entspannt laufen kann.

Viele Hunde sind aber auch aus Unsicherheit sehr aufgeregt. Das ist insbesondere bei Hunden der Fall, die in ihrer Jugendzeit nicht viel erlebt haben und daher von ihrer Umwelt schnell überfordert sind. In solchen Fällen nützen die besten Tipps zur Leinenführigkeit nichts, denn der Hund ist viel zu sehr damit beschäftigt, die ganzen Reize, die auf ihn einströmen, zu verarbeiten. Dass er an der Leine ist, kriegt er gar nicht mit. Ähnlich ist es bei Hunden, die eine extrem starke jagdliche Motivation haben und draußen permanent auf Spurensuche sind.

In solchen Fällen hilft es, die Reize zunächst zu reduzieren, indem man immer die gleiche Strecke geht und eher mehrere kurze Spaziergänge macht statt langer Märsche. Wenn Sie merken, dass Ihr Hund sich auf diesem immer gleichen Weg etwas entspannt, ansprechbarer wird und auf die Leine achtet, dann können Sie ab und zu mal einen kleinen Schlenker auf einen neuen Weg machen, bevor Sie wieder auf die altbekannte Route schwenken. So entdecken Sie mit ihrem Hund nach und nach immer neue Wege, aber nur so kurz, dass Sie ihn nicht überfordern. Sie werden sehen, dass sich auch die Leinenführigkeit bald bessert.

Manche Hunde empfinden eine kurze Leine als unangenehme Einschränkung. Nutzt man eine Leine, die dem Hund drei bis vier Meter Spielraum gibt, erledigt sich bei diesen Hunden das Ziehen an der Leine oft von selbst. Natürlich ist es nicht überall möglich, dem Hund so viel Platz zu geben, aber es wird auf jedem Spaziergang die eine oder andere Möglichkeit geben, auszuprobieren, ob er an einer längeren Leine vielleicht entspannter mitläuft. Ist das der Fall, kann man dann eine etwas längere Leine mitnehmen und diese je nach Situation mal kürzer und mal länger lassen. Selbst wenn der Hund dann noch zeitweise zieht, tragen doch die entspannten Abschnitte des Spaziergangs dazu bei, dass er auch allgemein ausgeglichener wird.

Leinenführigkeit kann jeder lernen. Der Mensch muss nur die erforderliche Geduld dafür mitbringen.

Ist Ihr Hund ansprechbar und nicht zu aufgeregt, dann können Sie an der Leinenführigkeit arbeiten, indem Sie immer dann stehen bleiben, wenn sich Zug auf der Leine aufbaut. Reagiert Ihr Hund auf das Stehenbleiben nicht, gehen Sie ein paar Schritte rückwärts und loben Sie ihn, wenn er dann auf Sie aufmerksam wird und zu Ihnen kommt. Sie können auch mit dem Clicker oder einem Markerwort arbeiten und statt des verbalen Lobes jedes Nichtziehen markieren.[6]

Die Dauer dieses Trainings sollte nicht übertrieben werden, da es vom Hund sehr viel Impulskontrolle verlangt. Impulskontrolle ist aber nicht unendlich vorhanden. Bei einem zu langen Training kann es sein, dass man den Hund überfordert und so das Gehen an der Leine für ihn etwas Negatives wird. Sie können z. B. für das Training der Leinenführigkeit eine bestimmte Leine nehmen, dem Hund während der Trainingszeit ein Halstuch umbinden oder zuerst nur auf einem bestimmten Weg trainieren, um die Übungseinheiten kurz zu halten und den Unterschied zwischen Training und Freizeit für den Hund deutlich zu kennzeichnen.

Eine ausziehbare Flexileine eignet sich nicht zum Training der Leinenführigkeit, denn die ständige Spannung der Leine macht es insbesondere einem unerfahrenen Hund unnötig schwer zu erkennen, wann er Zug wegnehmen sollte.

Es versteht sich von selbst, dass insbesondere ein Hund, der an der Leine zieht, an einem gut sitzenden Brustgeschirr geführt wird und nicht am Halsband. Abgesehen von der starken gesundheitlichen Gefährdung, die der Zug am Hals mit sich bringt, aktiviert und pusht die ständige Strangulation den Hund auch noch und verschlimmert dadurch den Drang zu ziehen. Dagegen wirkt ein gutes Brustgeschirr oft stabilisierend auf den Hund und kann den Drang nach vorne sogar schon durch das veränderte Tragegefühl vermindern. Ist ein Hund sehr aufgeregt, ist zudem die Gefahr groß, dass er sich durch eine Rückwärtsbewegung aus dem Halsband herauszieht. Ein Geschirr gibt hier einfach mehr Sicherheit.

Beim Spaziergang, auch mit einem Leinenzieher, ist es natürlich wichtig, dass Sie Ruhe ausstrahlen. Ist Ihr Hund zu aufgeregt, können Sie auch einfach mal stehen bleiben, eine Pause machen, Ihren Hund beruhigend streicheln und tief durchatmen. Das ist viel besser und langfristig auch effektiver, als aggressiv auf den Zug am Arm zu reagieren und an der Leine zu rucken. Denn Druck erzeugt nur Gegendruck und Frustration an beiden Enden der Leine.

---

6 Auf die Arbeit mit Clicker und Markerwort gehe ich im folgenden Kapitel zum Thema Alternativverhalten noch einmal ein.

Maulkorbtraining

Ein Maulkorb ist ein sinnvolles Hilfsmittel, das den Hund in erster Linie daran hindern soll, jemanden zu beißen. Da heutzutage so gut wie überall in öffentlichen Verkehrsmitteln Maulkorbpflicht besteht und man vielleicht auch beim Tierarzt hin und wieder einen Maulkorb benutzen muss, sollte jeder Hund dieses für ihn anfangs merkwürdig anmutende Gestell auf der Nase kennen und lieben gelernt haben, bevor er es zum ersten Mal wirklich tragen muss. Und wenn ich lieben gelernt schreibe, dann meine ich das auch so. Ein Maulkorb muss für keinen Hund etwas Schlechtes sein, ganz im Gegenteil. Es gibt tolle Möglichkeiten, einen Hund für einen Maulkorb regelrecht zu begeistern.

Es kann im Laufe eines Hundelebens immer mal dazu kommen, dass ein Hund einen Maulkorb tragen muss, und es wäre unfair ihm gegenüber, wenn er noch nie zuvor einen Maulkorb gesehen hätte und diesen dann gleich in einer stressigen Situation wie z. B. beim Tierarzt oder in der S-Bahn ertragen müsste. Kennt er den Maulkorb dagegen schon und verbindet positive Erfahrungen mit ihm, dann kann dies dazu beitragen, dass er die gesamte Situation auch als angenehmer erlebt.

Zunächst gilt es zu entscheiden, welches Modell man nimmt. Viele Menschen greifen als Erstes zu Maulschlaufen oder Maulkörben aus Stoff, da diese weniger „gefährlich" aussehen. Ausgerechnet diese Modelle sind aber grundsätzlich ungeeignet für einen Gebrauch, der länger als zwei Minuten dauert. Denn wenn sie einigermaßen halten sollen, müssen sie so eng sein, dass der Hund kaum hecheln und auch nicht trinken oder Futter annehmen kann. Dadurch nimmt man sich die Möglichkeit, den Hund für das Tragen des Maulkorbs auch mal mit Futter zu belohnen, und dem Hund drohen in Stresssituationen oder bei heißen Temperaturen ernsthafte Kreislaufprobleme bis hin zum lebensgefährlichen Hitzschlag.

Besser sind Maulkörbe, die wirklich, wie der Name schon sagt, eine Korbform haben, die dem Hundemaul genug Spielraum zum Hecheln bietet und den Hund auch Leckerlis aufnehmen und Wasser trinken lässt. Es gibt verschiedene Modelle, für Kurz-, Normal- oder Langnasen sowie für Hunde mit schmalem oder breitem Kopf, mit oder ohne Stirnriemen, am Halsband zu befestigen oder nicht, aus Metall, Leder, Plastik oder Gummi. Probieren Sie den Maulkorb am besten zuvor kurz Ihrem Hund an, ohne ihn komplett zu schließen, und achten darauf, dass er nicht scheuert oder unangenehm drückt.

An das Tragen eines Maulkorbes muss ein Hund schrittweise gewöhnt werden.

Wie geht das nun mit dem Maulkorbtraining?

Eine sehr einfache Möglichkeit, dem Hund den Maulkorb im wahrsten Sinn des Wortes schmackhaft zu machen, ist, ihm diesen als „Futterkorb" zu präsentieren. Das heißt, der Hund lernt von Anfang an, den Maulkorb mit tollen Leckerbissen in Verbindung zu bringen. Dazu kann man zum Beispiel die Innenseite des Maulkorbs mit Leberwurst oder Weichkäse bestreichen oder Leckerlis durch das Gitter hindurchstecken. Wichtig ist, dass der Maulkorb anfangs nicht geschlossen wird, sondern der Hund sein Maul freiwillig hineinsteckt und auch jederzeit wieder herausziehen kann. Denn vielen Hunden wird es unheimlich, wenn der Maulkorb auf einmal nicht mehr abgeht, und sie bekommen Angst. Das gilt es auf jeden Fall zu vermeiden.

Präsentieren Sie Ihrem Hund diesen Futterkorb so oft, bis er schon beim Anblick des Maulkorbs leuchtende Augen bekommt und es kaum abwarten kann, seine Nase hineinzustecken. Nun ist es an der Zeit, den Maulkorb hinter den Ohren mit den Fingern zuzuhalten. Aber nur ganz leicht. Wenn Ihr Hund zurückzuckt und unsicher wird, lassen Sie sofort locker und geben nach. Wiederholen Sie auch diesen Teil der Übung, bis Ihr Hund überhaupt kein Problem mehr damit hat, dass Sie den Maulkorb hinter den Ohren zuhalten.

Erst dann schließen Sie ihn für zwei Sekunden und öffnen ihn sofort wieder.

Ist auch dies kein Problem, dann können Sie die Zeit, die Ihr Hund den Maulkorb trägt, langsam ausdehnen. Machen Sie während dieser Zeit etwas Schönes mit ihm. Auch das ist ein nicht zu unterschätzender Belohnungsfaktor, es muss keinesfalls immer nur Futter sein. Je nach Temperament können Sie zum Beispiel kleine Tricks und Spielchen mit Ihrem Hund machen, einen Spaziergang durch den Garten oder einfach Kuscheln auf dem Sofa – was auch immer Ihrem Hund gefällt. Nach einiger Zeit wird dadurch das Aufsetzen des Maulkorbs für den Hund zu einem Signal, das ankündigt: Jetzt folgt etwas Angenehmes.

Ist dies gut verinnerlicht, dann wird kein Hund auf die Idee kommen, den Maulkorb langfristig mit negativen Gefühlen zu verknüpfen und sich gegen ihn zu wehren, im Gegenteil. Achten Sie aber darauf, dass Sie ihm den Maulkorb wieder abnehmen, bevor er die Geduld verliert, und lassen Sie ihn keinesfalls mit angelegtem Maulkorb alleine. Die Gefahr, dass er versucht, sich den Maulkorb mit den Pfoten abzustreifen, und dabei mit den Krallen hängen bleibt oder in Panik gerät, ist anfangs noch zu groß.

Kennt Ihr Hund den Clicker, können Sie auch damit arbeiten, indem Sie das Hineinstecken der Nase in den Maulkorb clicken, im nächsten Schritt dann das Zuhalten des Maulkorbs, dann das Schließen und zu guter Letzt noch durch Ausdehnung der Wartezeit bis zum Click das einfache Aushalten und Tragen. Belohnung gehört zum Click selbstverständlich dazu, und auch wenn

es sich hier jetzt kürzer anhört, muss der Aufbau natürlich genauso sorgfältig und langsam erfolgen wie in der vorhergegangenen Beschreibung ohne Clicker.

Die Hundebox

Eine Hundebox kann enorm praktisch sein und dem Hund nicht nur zu Hause, sondern auch auf Reisen und im Auto einen gemütlichen, höhlenartigen Rückzugsraum mit Wohlfühlfaktor bieten. Aber man darf auf keinen Fall eine Hundebox kaufen, den Hund hineinsetzen und einfach die Tür schließen. Es gibt zwar immer mal wieder Hunde, die mit frustrierenden Erfahrungen erstaunlich ruhig umgehen können, aber ein unangenehmes Erlebnis wäre das sicher für jedes Exemplar. Auch hier gilt es, dem Hund die Hundebox zunächst als etwas Positives zu vermitteln.

Die einfachste Variante ist, die offene Hundebox, ausgestattet mit einer gemütlichen Decke, von Anfang an im Schlafzimmer neben das Bett der Hauptbezugsperson des Hundes zu stellen. Meiner Erfahrung nach wird jeder Hund früher oder später bemerken, was für ein großartiger Schlafplatz das ist, so schön nach allen Seiten geschützt und direkt neben seinem Menschen. Auf diese Weise wird die Hundebox von selbst schnell zum Lieblingsplatz.

Die Box wird schon vom Welpen bei richtiger Gewöhnung gern als Rückzugsort angenommen.

Wenn Ihr Hund nicht ins Schlafzimmer darf oder ohnehin schon im Bett schläft oder Sie die Box noch mehr aufwerten möchten, dann stellen Sie die Hundebox dort auf, wo Sie sich oft aufhalten, und geben Sie Ihrem Hund in der Box öfter mal etwas Gutes. Sie können zum Beispiel Leckerlis in eine zusammengeknüllte Hundedecke einwickeln und diese in die Box legen. Dann kann Ihr Hund die Leckerlis selbst aus der Decke herausschnüffeln und hat eine schöne Beschäftigung, die er gleichzeitig mit der Box verknüpft. Oder Sie legen ihm einen gefüllten Futterball in die Box. Oder Sie geben ihm darin eine Kaustange oder einen gefüllten Kong. Oder Sie streuen einfach immer mal wieder ein paar Leckerlis hinein.

Anfangs sollte die Box immer offen sein. Der Hund soll darin nur schöne Erfahrungen machen, fressen, spielen und sich im Idealfall auch entspannen und schlafen. Er soll die Box aber auch jederzeit wieder verlassen können, wenn er das möchte.

Die Tür kommt erst ins Spiel, wenn Ihr Hund die Box als einen Ort kennt und liebt, an dem er sich wohl und geborgen fühlen kann. Erst wenn Sie sich sicher sind, dass es so weit ist, schließen Sie die Tür kurz, für etwa zwei bis drei Sekunden, loben ihn mit ruhigen Worten und öffnen die Tür anschließend wieder.

Wenn Ihr Hund das Schließen der Tür ohne Anzeichen von Nervosität akzeptiert, dann dehnen Sie die Zeit langsam ein wenig aus. Übertreiben Sie es aber nicht, denn fünf Minuten, in denen er eingesperrt ist und darauf wartet, dass sich die Tür wieder öffnet, können auch für einen Hund enorm lange fünf Minuten werden. Lassen Sie sich und Ihrem Hund alle Zeit der Welt. Je besser Sie die Übung jetzt festigen, desto entspannter wird Ihr Hund das Bleiben in der Box auch mal in schwierigeren Situationen aushalten, zum Beispiel bei einer Veranstaltung oder auf einer längeren Autofahrt oder wenn Besuch kommt.

Bitte verwenden Sie die Box niemals, um Ihren Hund wegzusperren. Die Box ist in erster Linie ein angenehmer Rückzugsort mit Wohlfühlfaktor für den Hund und sollte zu 99 Prozent der Zeit offen sein. Auf gar keinen Fall wird der Hund in die Box gesperrt und allein zu Hause gelassen. So ein Vorgehen kann für den Hund äußerst traumatisch sein. Die Tür wird nur dann geschlossen, wenn dies zur Sicherheit des Hundes oder einer anderen Person nötig ist.

Ein Hund, der seine Box liebt, wird sie immer wieder von sich aus aufsuchen.

Wo ist der richtige Ort für den Hundeschlafplatz?

Wie der Name schon sagt, ist ein Schlafplatz zum Schlafen gedacht. Daher ist es generell keine gute Idee, das Hundekörbchen oder die Hundebox in einen Durchgangsbereich zu stellen – ob der Hund nun territorial motiviert ist oder nicht. Hunde wollen zwar immer dabei sein und nichts verpassen, aber sie brauchen auch sehr viel Ruhe. Normalerweise döst und schläft ein Hund etwa 18 Stunden am Tag, also deutlich mehr als ein Mensch. Doch so mancher Hund kommt einfach nicht zur Ruhe, wenn er ständig das Gefühl hat, es passiert etwas Wichtiges, das er verpassen könnte. Um zu gewährleisten, dass er genug Schlaf bekommt, sollte sein Schlafplatz daher möglichst ruhig gelegen sein. Sie könnten sich bestimmt auch nicht entspannen, wenn um ihr Bett herum die ganze Zeit ein ständiges Kommen und Gehen herrschen würde.

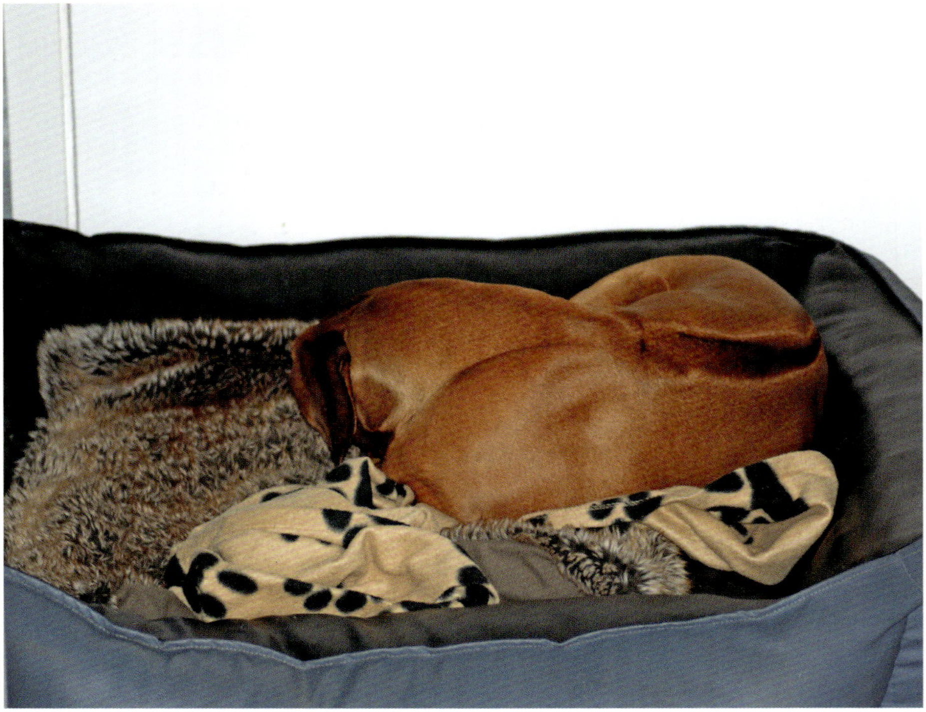

Ein Schlafplatz direkt neben einer Durchgangstür ist nicht optimal.

Daraus ergibt sich, dass der Hundeschlafplatz am besten in einer ruhigen, zugluftfreien Ecke des Raumes aufgehoben ist. Die meisten Hunde haben mehrere Schlafplätze, da sie auch zu Ruhezeiten immer gern in der Nähe ihrer Menschen sind, zum Beispiel einen im Wohnzimmer, einen im Arbeitszimmer und einen im Schlafzimmer. Dagegen ist überhaupt nichts einzuwenden, im Gegenteil, es ist optimal, wenn der Hund immer in Ihrer Nähe ein Ruheplätzchen hat. Wichtig ist nur, dass er dort auch wirklich Ruhe bekommt, daher eignen sich am besten Zimmerecken. Auch eine Hundebox sollte möglichst nicht mitten im Raum stehen, sondern mindestens zu einer Wand Kontakt haben, damit der Hund sich darin wohl fühlt.

Was gibt es nun Besonderes bei territorial motivierten Hunden zu beachten?

Eigentlich ist das ganz einfach zu beantworten: Sie sollten von ihrem Ruheplatz nicht ständig die Grenzlinien im Haus unter Beobachtung haben. Das heißt, der Platz sollte weder direkt neben der Tür gelegen sein, noch mit frontalem Blick auf die Tür. Dabei gilt dies insbesondere für Räume, die von Besuchern betreten werden. Ins Schlafzimmer kommt in der Regel niemand Fremdes, daher ist es hier auch nicht so wichtig, wo der Platz des Hundes gelegen ist. Das Gleiche gilt auch für andere Räume, die nicht von Besuchern betreten werden.

Insbesondere Flur, Küche und Wohnzimmer sind aber Bereiche, zu denen auch Fremde Zutritt erhalten. Hier muss man aufpassen. Ein Hundebett im Durchgangsbereich des Flurs ist nicht nur wegen der mangelnden Ruhe ungünstig, sondern auch wegen der starken Verteidigungsbereitschaft, die dadurch im Hund geweckt wird.

Ebenso ist es ein absolutes Tabu, das Hundebett direkt hinter der Wohnzimmer- oder Küchentür zu platzieren und dem Hund somit regelrecht die Position des Wächters über die Tür aufzudrängen. Und auch ein Platz, auf den in das Zimmer kommende Besucher frontal zugehen, ist nicht gut, da der Hund sich durch diese direkte Annäherung bedroht oder provoziert fühlen könnte.

Ist es irgendwie machbar, bieten sich Schlafplätze in Zimmerecken ohne direkten Blick auf die Tür immer an. Wenn der Raum groß genug ist, kann man durchaus auch durch die geschickte Anordnung von Möbeln einen Sichtschutz bauen, damit der Hund nicht durch den Anblick der durch die Tür eintretenden Besucher unnötig aufgeregt wird.

Diese einfachen Managementmaßnahmen leisten bereits eine nicht zu unterschätzende Hilfe, wenn es darum geht, dem Hund zu signalisieren, dass kein Eingreifen seinerseits erwünscht ist und dass wir Menschen das Problem mit den Leuten, die da durch unser Haus spazieren, schon ohne ihn geregelt bekommen. Bei vielen Hunden genügt dies allerdings nicht. Weitere Maßnahmen spreche ich daher in den folgenden Kapiteln an.

Natürlich muss ein Hund nicht den ganzen Tag auf seinen Schlafplätzen liegen. Selbstverständlich darf er sich im normalen Alltag auch auf andere Plätze legen. Die Schlafplätze sollen in erster Linie Rückzugsorte sein, auf denen er sich wirklich entspannen und Ruhe finden kann, und bei manchen Hunden lassen sie sich auch in Besuchersituationen gut nutzen.

Viele Hunde lieben Aussichtspunkte, von denen aus sie einen guten Überblick über das Geschehen im Garten oder draußen auf der Straße haben. Pauschal zu sagen, dass man dem Hund solche Aussichtspunkte verweigern sollte, wäre falsch. Man muss aber einen Blick auf das Individuum werfen.

Aussichtspunkte mit Blick nach draußen sind sehr beliebt.

Zum Beispiel kommt es vor, dass leicht erregbare Hunde sich den ganzen Tag am Fenster aufhalten und regelrecht ausflippen, sobald sich draußen auf der Straße irgendetwas bewegt. Das ist nicht nur für ihre eigene Familie und die Nachbarn auf Dauer nervtötend, sondern es tut auch dem Hund selbst nicht gut. Denn durch den immer wiederkehrenden Adrenalin- und Dopamin-Ausstoß beim Verbellen der vielen Dinge da draußen pusht sich der Hund selbst immer mehr, bis er in regelrechten Dauerstress gerät, ständig auf Habacht ist und überhaupt nicht mehr wirklich entspannen kann. Das ist höchst ungesund, daher empfiehlt es sich bei solchen Kandidaten, einen Sichtschutz anzubringen oder die Fenster für den Hund unzugänglich zu gestalten.

Dann wieder gibt es Hunde, die ruhig auf ihren Aussichtspunkten liegen und einfach nur beobachten. Oder die wirklich nur dann anschlagen, wenn sich jemand der Haustür nähert, alle anderen Passanten aber in Ruhe ziehen lassen. Das ist nicht wirklich störend und für den Hund eine schöne Beschäftigung gegen Langeweile, die ihn nicht übermäßig aufregt. In dem Fall spricht nichts dagegen, ihm diesen Lieblingsplatz zu lassen.

Alternativverhalten:

Dem Hund eine Aufgabe geben

Hunde möchten einen Beitrag leisten und sich als wichtiges Mitglied der Familie einbringen. Aus ihrer Sicht ist die Verteidigung des Reviers eine sehr bedeutende Aufgabe, die sie gerne für uns übernehmen. Nur deckt sich ihre Vorstellung davon oft nicht mit der unsrigen. Es ist aber keine gute Idee, auf das doch gut gemeinte Engagement unseres Hundes, der sich so ins Zeug legt, den Postboten zu vertreiben, mit Verboten und Strafen zu reagieren. Das frustriert den Hund, der doch der Meinung war, etwas Tolles zu tun, und es hinterlässt große Fragezeichen bei ihm, denn nun weiß er immer noch nicht, was wir denn stattdessen von ihm wollen. Für einen Hund steht Kooperation mit dem Menschen immer im Vordergrund. Natürlich gibt es hier individuelle Unterschiede in der Intensität und insbesondere territorial motivierte Hunde sind oft sehr selbstständige und unabhängige Charaktere. Dennoch ist die Kooperation mit dem Menschen im Hund tief verwurzelt und ihm ein Bedürfnis.

Wenn seine Menschen auf sein territoriales Verhalten, das die Verteidigung auch unserer menschlichen Behausung mit einschließt, mit Strafe reagieren, ist dies in den Augen des Hundes völlig absurd. Übt man aber mit dem Hund ein jeweils zu der Situation passendes Alternativverhalten, das er stattdessen ausführen kann, gibt ihm dies weiterhin das gute Gefühl, etwas Richtiges zu tun, und macht ihn in einer ansonsten schwierigen und vielleicht hektischen Situation ruhiger und kontrollierbarer.

Ihm ein Alternativverhalten anzubieten und ihm klarzumachen, dass es uns glücklich macht, wenn er dieses ausführt, anstatt seinen ersten Impulsen zu folgen, ist etwas, worauf ein Hund sich problemlos einlassen kann, denn dies kommt seinem Kooperationswunsch mit uns Menschen entgegen. Sie sollten nur beachten, dass ein intelligenter, selbstständig agierender Hund einen

Sinn dahinter erkennen muss. Das gewählte Alternativverhalten sollte also in irgendeiner Weise zur Situation passen und stimmig sein. Wenn er gerade ernsthaft einen Eindringling vertreiben will und Sie wedeln vor seiner Nase mit seinem Spielzeug herum, dann passt das einfach nicht, denn er ist nicht in Spielstimmung. Das Alternativverhalten muss der aktuellen Motivation des Hundes angepasst sein.

Das ruhige Tragen eines Gegenstands bietet sich bei manchen Hundetypen als Alternativverhalten zum Bellen an.

Häufig liest man in Artikeln oder Büchern von Hundetrainern, dass ein Hund keinesfalls eigene Entscheidungen treffen darf. Das sehe ich nicht so. Es ist gut und richtig, dass auch ein Hund mitdenkt, Situationen beurteilt und Entscheidungen trifft. Wie langweilig wäre denn sein Leben, wenn er sein leistungsfähiges Gehirn nie einschalten dürfte, sondern immer nur stur auf den Menschen glotzen und von diesem erwarten würde, dass der ihm sagt, was er tun soll. Hunde sind viel zu intelligente Lebewesen, um mit so einem Dasein zufrieden zu sein. Aber es ist wichtig, dass wir die Entscheidungen eines territorial motivierten Hundes vorhersehen und umlenken können. Statt ihn immer nur auszubremsen und ihm alles, was er tun möchte, zu verbieten, macht es Sinn, ihm zu zeigen, dass er auch dann zu seinem Ziel kommt, wenn er ein anderes Verhalten zeigt als das, was ihm seine ersten Impulse vorgeben. Haben wir das gut mit ihm eingeübt, dann wird er sich in vielen Fällen selbst für das Alternativverhalten entscheiden. Und dann haben wir einen Hund, der eigene Entscheidungen treffen und mitarbeiten kann, was ihn glücklich macht, und der trotzdem für uns Menschen zu managen ist. In meinen Augen ist dies das Ziel, das wir uns setzen sollten. Schlichte Verbote machen niemanden glücklich und zufrieden, gute Alternativen hingegen schon.

Wichtig ist natürlich, dass Ihr Hund das Alternativverhalten ohne Zwang und ohne Strafen gelernt hat. Das Alternativverhalten muss mit positiven Emotionen verknüpft sein und dem Hund bereits gut geläufig sein, bevor Sie es in der Situation, für die es gedacht ist, einsetzen. Nur dann wird er es auch gerne und zuverlässig ausführen, anstatt sich von seinen Impulsen leiten zu lassen. Eine ruhige, positive Stimmung beim Üben wird nach einem gut aufgebauten Training auch dazu führen, dass Ihr Hund sich in einer aufgeregten Situation schneller wieder beruhigen kann. Ist Ihr Hund ein etwas unsicherer und nervöser Kandidat, dann gibt ihm ein passendes, positiv eingeübtes Alternativverhalten zudem wieder mehr Stabilität und Ruhe. Wird es immer wieder in bestimmten Situationen ausgeführt, etabliert es sich als Ritual und ist für den Hund im Laufe der Zeit immer leichter abrufbar.

Wie genau man einem Hund etwas nun am besten beibringt, hängt stark von seiner Persönlichkeit ab. Das Üben sollte Ihrem Hund aber auf jeden Fall Spaß bringen und von ihm nicht als leidige Pflicht angesehen werden. Das ist im Grunde das Wichtigste.

Nun gibt es Hunde, die sich über jede neue Aufgabe freuen und das Lernen selbst schon als Motivation empfinden. Wenn man sie dann noch im richtigen Moment lobt und sich mit ihnen freut, ist ein neues Alternativverhalten recht schnell erlernt. Andere wiederum sind unabhängiger vom Menschen und werden sich bestimmt nicht auf den Kopf stellen, nur um uns zu gefallen. Sie überlegen sich genau, ob sie wirklich Lust auf eine Übungseinheit haben und ob sich die Mühe für sie lohnt. Gerade bei solchen Hunden darf daher nicht mit Lob und Belohnung gegeizt werden, denn sonst ist der Hund schnell der Überzeugung, dass die ganze Geschichte keinen Sinn macht.

Sogar kleine Kunststücke können die Situation aufwerten und dem Hund eine alternative Beschäftigung bieten.

Belohnung heißt aber keinesfalls, dass Sie immer nur Leckerlis geben müssen und nichts anderes. Es gibt viele Möglichkeiten, unterschiedliche Belohnungen, die sich aus der Situation ergeben, geschickt einzusetzen. Dabei ist es wichtig, dass Sie Ihren Hund und seine Vorlieben gut kennen.

Üben Sie zum Beispiel mit einem typischen Dackel im Garten und er führt eine Übung besonders gut aus, dann freut er sich vielleicht am meisten, wenn Sie mit ihm gemeinsam zur Belohnung ein bisschen buddeln – vorausgesetzt natürlich, er darf in Ihrem Garten buddeln und es besteht in dieser Hinsicht kein Tabu, das ihn in einen Konflikt bringen würde.

Oder Sie üben mit einem Hund, der nichts mehr liebt als Dinge zu apportieren. Dann können Sie ihn zur Belohnung sein Lieblingsspielzeug bringen und ein wenig herumtragen lassen.

Oder rennt Ihr Hund gerne? Dann toben Sie doch zur Belohnung mit ihm und erlauben ihm, ausgelassen um Sie herum zu rennen.

Welche Vorlieben hat Ihr Hund? Was tut er gern? Alles, was gerade zur Übungssituation passt und weder Ihren Hund noch andere gefährdet, können Sie als Belohnung einsetzen. Lassen Sie Ihrer Fantasie freien Lauf.

Ich teile ganz und gar nicht die Ansicht mancher Leute, dass es Hunde oder gar Hunderassen gibt, denen man nichts beibringen kann.

Aber es gibt durchaus Hunde, die langsamer reagieren als andere und die andere Prioritäten setzen als der „Durchschnittshund“. Das heißt nicht, dass sie nicht motivierbar seien, sondern nur, dass wir Menschen uns eben ein bisschen mehr anstrengen und überlegen müssen, was für diesen speziellen Hund eine Motivation darstellt. Und wenn die beste Motivation für ihn die Aussicht darauf ist, den Rest des Tages ungestört im Garten herumliegen zu dürfen und den Blumen beim Wachsen zuzuschauen, dann kann man auch das als Belohnung einsetzen, insofern man in der Lage ist, eine direkte Verknüpfung zu schaffen.

Eine Belohnung mit Futter bietet sich aber in vielen Fällen an, weil sie in fast allen Situationen flexibel eingesetzt werden kann und auch bei nicht so spielverrückten Hunden gut ankommt. Futter wertet eine vorher negativ besetzte Situation positiv auf, sodass der Hund besser mit ihr zurechtkommt. Ein einfaches Prinzip, dessen sich übrigens auch Kinderärzte bedienen, wenn sie eine Schüssel voller Bonbons für ihre tapferen kleinen Patienten bereithalten. Außerdem ist die Futterbelohnung ja nicht alles, es kommt beim Einüben des Alternativverhaltens noch – so sollte es zumindest sein – die Freude, gemeinsam mit Ihnen etwas zu tun, hinzu. Das ist nicht zu unterschätzen.

Bei gemeinsamen Aktivitäten, die Spaß machen, werden sowohl beim Hund als auch beim Menschen Dopamin (ein „Glückshormon“) und Oxytocin (das „Bindungshormon“) ausgeschüttet, während der Pegel des Stresshormons Cortisol sinkt. Das stärkt die Bindung und das Vertrauensverhältnis zwischen Mensch und Hund und wirkt sich auch positiv auf das Immunsystem beider aus.

Noch ein wichtiger Grund, warum Hundetraining stets positiv aufgebaut sein und Freude machen sollte und es wichtig ist, auf Strafen zu verzichten.

Übrigens ist es auch dann, wenn Sie hauptsächlich Futter als Belohnung einsetzen, keineswegs nötig, Ihren Hund vorher hungern zu lassen. Im Gegenteil, das ist sogar eher kontraproduktiv, denn ein hungriger Hund kann sich schlechter konzentrieren und lernt daher weniger gut als ein Hund, der zwar Appetit, aber keinen übermäßigen Hunger verspürt.

Dass Ihr Hund zudem gerade kein dringendes körperliches Bedürfnis hat oder durch andere Dinge abgelenkt ist und beim Üben kein Meideverhalten oder Stresssignale zeigen sollte, ist selbstverständlich. Hat Ihr Hund Stress oder gar Angst während einer Übungseinheit, dann ist grundsätzlich etwas schiefgelaufen. Bitte holen Sie sich spätestens dann Hilfe bei einem positiv arbeitenden Trainer, um den Übungsaufbau zu überprüfen. Und bedenken Sie auch, dass dies Zeichen für körperliche Probleme wie Schmerzen oder eine Krankheit sein können. Weicht Ihr Hund Ihnen beim Üben aus oder ist schnell gestresst und überfordert, ist daher gegebenenfalls auch ein Gesundheitscheck anzuraten.

Schnüffeln beruhigt und ist oft gut als Alternativverhalten einsetzbar.

Grundsätzlich sollte ein neues Verhalten zuerst ohne Ablenkung eingeübt werden. Beginnen Sie also möglichst zu Hause und dann auch nicht gerade, während die Kinder durchs Haus toben, sondern in einer ruhigen Minute. Üben Sie immer nur ein paar Minuten am Stück, dafür lieber öfter, denn dies prägt sich beim Hund sehr viel besser ein als eine stundenlange Übungseinheit. Erst wenn es im ersten Zimmer gut klappt, üben Sie zur Generalisierung auch in den anderen Räumen, dann im Garten, dann ohne viel Ablenkung draußen und erst, wenn das auch gut funktioniert, in der Situation, für die Sie das Verhalten gedacht haben. Die Generalisierung ist sehr wichtig, da Hunde orts- und kontextbezogen lernen. Übt man ein neues Verhalten immer nur im Wohnzimmer neben der Couch bei laufendem Fernseher, dann darf man sich nicht wundern, wenn der Hund nicht weiß, was man von ihm will, wenn man es an einem anderen Ort und in einem anderen Kontext abfragt. Ist das Verhalten hingegen nur für das Wohnzimmer gedacht und soll ohnehin nie woanders abgefragt werden, dann ist die Generalisierung natürlich weniger bedeutend.

Die Einsatzmöglichkeiten von Alternativverhaltensweisen sind vielfältig. Zum Beispiel empfehle ich oft, einen Hund, der auf dem Spaziergang Probleme mit entgegenkommenden Hunden oder Menschen hat, auf die dem Entgegenkommenden abgewandte Körperseite zu nehmen, um mehr Distanz zu dem anderen zu schaffen. Es ist aber nicht zielführend, den Hund nun an der Leine hinter sich herumzuzerren. Das erzeugt bei ihm nur negative Gefühle und Verunsicherung, die wiederum die Aggressionsbereitschaft steigern. Stattdessen macht es Sinn, dem Hund beizubringen, auf Signal selbstständig hinter seinem Menschen die Seite zu wechseln. Insbesondere unsicheren Hunden hilft es ungemein, wenn sie das Gefühl bekommen, aktiv an einer Lösung ihres Problems mitzuarbeiten. Das schafft Selbstvertrauen und kann bei manchen

Hunden schon ausreichen, um sie davon zu überzeugen, dass ihre bisherige Lösung, sich den Entgegenkommenden durch lautstarkes Bellen und Scheinangriffe vom Hals zu halten, nicht die einzig mögliche ist. Aber auch bei selbstbewussten Hunden ist es wichtig, dass sie das Gefühl haben, aktiv an der Lösung des Problems mitzuarbeiten. Kein Hund findet es toll, wenn er an der Leine von links nach rechts gezerrt wird. Die aktive Mitarbeit (also die Ausführung des Alternativverhaltens) ist hier ein wichtiger Punkt, um den Seitenwechsel, der sonst als reine Managementmaßnahme angesehen werden kann, für den Hund angenehm zu gestalten und ihm so diese Alternative als etwas Positives zu vermitteln.

Neben „komm an meine linke/rechte Seite" sind beispielsweise „setz dich", „leg dich", „geh in dein Körbchen/deine Box", „geh ins Nebenzimmer", „geh neben mir", „schau mich an", „Stopp!" oder auch schlicht der gut eingeübte Rückruf aus jeder noch so aufregenden Situation enorm wichtige Übungen für einen territorial motivierten Hund, die er sinnvollerweise ausführen kann, anstatt beispielsweise den Besucher/Postboten/Nachbarshund etc. zu attackieren. Natürlich werden dem Hund keine Halbsätze, wie die oben von mir formulierten, beigebracht, sondern man denkt sich ein kurzes, möglichst unverwechselbares Signal aus und am besten auch ein Handzeichen dazu, welches dem Hund verdeutlicht, was gemeint ist. Also beispielsweise „links" verbunden mit einem Klopfen mit der flachen Hand an die eigene linke Körperseite, an die der Hund wechseln soll.

Besonders bei unsicheren Hunden ist Clickertraining eine tolle Sache, da sie dabei selbst Lösungen erarbeiten und eigene Ideen einbringen können, was das Selbstbewusstsein immens stärkt.

Bei der ursprünglichen Idee des Clickertrainings wendet man das sogenannte „Shaping" („freies Formen") an. Ist der Clicker bereits als Belohnungsankündigung konditioniert, bringt man den Hund in Trainingsstimmung, wartet ab, bis er von sich aus den Ansatz für ein bestimmtes Verhalten zeigt (das kann anfangs auch nur ein Blick in eine Richtung sein), und bestätigt dieses dann punktgenau. Dann arbeitet man sich langsam Schritt für Schritt an das Ziel heran. Das A und O ist hier das richtige Timing. Wer sich das nicht zutraut, sollte erst einmal „Trockenübungen" mit einem Menschen machen, denn diesen kann man im Zweifel nachher fragen, ob er verstanden hat, welche seiner Verhaltensweisen man verstärken wollte. Auch ein Seminar zum Clickern bietet sich an, denn der Anfang mit einem ungeübten Hund ist oft nicht ganz so einfach, da viele Hunde sehr zögerlich sind, wenn sie es nicht gewohnt sind, dass man Aktivität von ihnen erwartet.

Wie genau man mit dem Clickern beginnt, was es zu beachten gilt und wie man eine Übung in kleinste Einheiten aufteilt, um dem Hund zu vermitteln, was man von ihm möchte, würde den Rahmen dieses Buches sprengen. Anleitungen gibt es aber in zahlreichen Büchern, und für den Einstieg empfehle ich auch gerne die entsprechenden Artikel auf der Website www.spass-mit-hund.de von Christina Sondermann.

Clickern funktioniert übrigens auch ohne den für manche unhandlichen, kleinen Plastik-Clicker, indem man sich ein kurzes Markerwort ausdenkt, zum Beispiel „Klick“, das man im immer gleichen Tonfall sagt, sobald der Hund das gewünschte Verhalten zeigt.

Weiterhin gibt es natürlich auch die Möglichkeit, den Hund mit einem Leckerli, einem Spielzeug oder der Hand (insofern er gelernt hat, selbstständig der führenden Hand zu folgen) in Position zu locken und dann zu belohnen. Passen Sie auf, dass Sie ihn dabei nicht versehentlich körpersprachlich bedrängen. Gerade bei kleinen und mittelgroßen Hunden geschieht es schnell, dass man sich zu weit von oben über sie beugt und sie dadurch verunsichert.

Kennt Ihr Hund bereits verbale oder optische Signale, über die Sie ihm sagen können, was Sie von ihm erwarten, können Sie diese natürlich auch verwenden. Die Kommunikation muss nur stets eindeutig sein und darf den Hund nicht durch zu viele durcheinandergeworfene Signale verwirren. Und vermeiden Sie es, Ihren Hund unsanft in die richtige Position zu schubsen oder auf ihn zuzugehen, bis er zurückweicht. Das wäre unfair und verunsichert ihn, denn Sie verhalten sich dadurch ihm gegenüber aggressiv, obwohl er ja noch gar nicht weiß, was Sie eigentlich von ihm möchten.

Man kann auch einfach im Alltag abwarten, bis der Hund gerade das erwünschte Verhalten zufällig zeigt, und dies dann mit einer Belohnung einfangen. Da Sie aber hier nicht immer wissen, was in Ihrem Hund vorgeht, und er gerade auch nicht mental aufs Training eingestellt ist, besteht hierbei oft die Gefahr, dass nicht die richtige Verknüpfung erzeugt wird und Ihr Hund nicht versteht, worauf Sie hinauswollen. Daher dauert diese Art des Einfangens zufällig im Alltag gezeigter Verhaltensweisen meist länger als die vorher genannten Möglichkeiten.

Probieren Sie gemeinsam mit Ihrem Hund aus, welche Art des Trainings am besten zu Ihnen passt. Es spricht auch gar nichts dagegen, bei verschiedenen Übungen unterschiedliche Varianten anzuwenden oder die Übung grundsätzlich durch Locken aufzubauen und dann durch Formen zu verfeinern. Sie müssen auch nicht alles im Voraus planen und zerdenken, sondern reagieren Sie einfach mal spontan auf die Verhaltensangebote Ihres Hundes und nehmen vielleicht einen Aspekt mit auf, an den Sie zuvor noch gar nicht gedacht hatten. Ein Hund, der mitdenkt und mitarbeitet, bringt sicher auch eigene Ideen mit ein, und warum auch nicht, wir sind ja nicht beim Militär. Hauptsache, Sie und Ihr Hund haben Spaß dabei. Verlieren Sie diesen wichtigen Aspekt nie aus den Augen.

Es gilt noch eine weitere Sache zu beachten. Dafür ziehe ich ein kleines Beispiel heran:

Stellen Sie sich vor, Ihr Haus brennt. Sie hoffen, dass sich das Schlimmste noch verhindern lässt, und rufen die Feuerwehr. Diese kommt auch schon nach fünf Minuten angefahren. Aufgeregt laufen Sie auf den Feuerwehrmann zu und fragen ihn: „Was sollen wir tun?" Und er schaut Sie hilflos an, läuft einige Male hektisch hin und her und entgegnet dann: „Weiß ich auch nicht."

Sie hatten sich tatkräftige Hilfe und Unterstützung erwartet, und dann kommt von ihm so gar nichts. Sie sind enttäuscht, Sie sind wütend, und Sie schnappen sich den erstbesten Wassereimer und versuchen selbst so gut es geht das Feuer zu löschen.

Was hat das mit Hunden zu tun? Sehr viel.

Unsere Hunde beobachten uns genau. Wenn Sie selbst sehr zögerlich, unsicher, aggressiv oder hektisch sind, kann es gut sein, dass Ihr selbstständig denkender Hund zu der Überzeugung kommt, Sie seien mit der Situation überfordert und bräuchten dringend seine Unterstützung. Dann wird er handeln.

Gehören Sie zu den Menschen, die Schwierigkeiten damit haben, schnelle Entscheidungen zu treffen und in die Tat umzusetzen, dann trainieren Sie daher nicht nur mit Ihrem Hund, sondern machen Sie auch selbst im Vorfeld „Trockenübungen", um sich Verhaltensregeln für die verschiedenen Situationen anzugewöhnen.

Spielen Sie im Kopf durch, was in den Situationen, die ich in den folgenden Kapiteln schildern werde, geschieht und wie Ihr Hund normalerweise reagiert. Und üben Sie wie ein Schauspieler Ihre Handlungen. Gehen Sie also beispielsweise durch den Flur, schließen Türen, die geschlossen werden müssen, gehen ebenso zielstrebig zur Haustür, um diese zu öffnen usw. Dadurch, dass Sie diese Dinge im Vorfeld aktiv üben, gewinnen Sie an Routine und müssen dann nicht mehr großartig darüber nachdenken. Ein routinierter, ruhiger, aber zügiger Ablauf wird Ihren Hund davon überzeugen, dass Sie wissen, was Sie tun, so wie Sie es sich in meinem Beispiel auch von dem Feuerwehrmann gewünscht hätten. Es wird Ihrem Hund dann sehr viel leichter fallen, Ihnen den Schutz des Hauses zu überlassen und mitzuarbeiten.

Betreten verboten!

Alltagssituationen: Was tue ich, wenn ...

... ich mit meinem Hund in einem abgeschlossenen Raum bin und ein fremder Hund/Mensch kommt zur Tür herein?

Hunde reagieren sehr individuell und die oben beschriebene Situation kann mit einem territorial motivierten Hund je nach Charakter sowohl äußerst problematisch als auch völlig harmlos sein.

Sitzen Sie beispielsweise im Wartezimmer der Tierarztpraxis und ein anderer Hund betritt den Raum, kann das schon zu lautstarkem Protest Ihres Hundes führen, denn viele territorial denkende Hunde betrachten einen abgeschlossenen Raum, in dem sie sich ein paar Minuten lang aufhalten, als ihr „Hoheitsgebiet", zu dem nun kein anderer Hund mehr das Zutrittsrecht besitzt. Klar, dass dem Eindringling sofort sehr deutlich signalisiert wird, wie unerwünscht seine Anwesenheit ist. Dabei ist die Reaktion des Hundes oft umso stärker, je kleiner und enger der Raum ist.

In der Tierarztpraxis ist das für den so gewarnten Neuankömmling, der natürlich von seinem Menschen trotzdem ins Wartezimmer geschleift wird, doppelt unangenehm, denn nun kommen zu seinen Sorgen wegen des Tierarztes auch noch Bedenken wegen des vierbeinigen Raum-Inhabers, der ihm gerade signalisiert hat, dass ein weiterer Schritt auf diesem bereits besetzten Boden sein letzter sein könnte.

Ein anderer territorial denkender Hund sieht das wiederum nicht so eng und verhält sich außerhalb seines heimatlichen Reviers sehr tolerant. Mit so einem Hund dürften Sie weniger Schwierigkeiten an fremden Orten haben, da er neutrale Böden nicht so schnell als sein Eigentum betrachtet. Diese Hunde fangen oft auch im Urlaub z. B. erst nach mehreren Tagen an, die Ferienwohnung zu verteidigen, oder sie tun es vielleicht gar nicht, weil sie sich dort einfach nicht zu Hause fühlen.

Wie ein Hund reagiert, ist eine Frage des Charakters und der Veranlagung in Kombination mit seinen bisherigen Erfahrungen. Erlebt ein Hund schon vom Welpenalter an häufig solche Situationen, in denen er bereits in einem Raum ist, während ein anderer Hund dazukommt (zum Beispiel im Restaurant, Café oder eben auch beim Tierarzt) und macht immer nur positive Erfahrungen damit, dann behält er möglicherweise ein tolerantes Verhalten in diesen Situationen bei. Eine Garantie dafür, dass nicht im Laufe des Erwachsenwerdens doch die Abneigung gegen den fremden Eindringling überwiegt und er den entsprechenden Raum zu verteidigen beginnt, gibt es allerdings nicht, denn die Veranlagung für das Verhalten ist genetisch fixiert.

Aber wenn Sie gerne Ihren Hund überall mit hinnehmen möchten, ist es schon ratsam, solche Situationen von Anfang an regelmäßig zu üben und den Hund mit viel Lob zu bestätigen, wenn er freundlich bleibt. Dabei sollten Sie keine unnötige Aufregung verbreiten, sondern Ihren Hund jedes Mal, wenn sich Leute mit oder ohne Hund im Raum bewegen und insbesondere dann, wenn jemand zur Tür hereinkommt, mit ruhigen Worten fürs Hinschauen und Entspanntbleiben bestätigen und ihm gerne auch ein Leckerli zustecken. Werden Sie zu hektisch dabei und loben zu überschwänglich, dann steigern

Was territorial denkende Hunde alarmierend finden, ist durchaus verschieden.

Sie die Aufregung des Hundes, und das ist nie gut. Gekünstelte Begeisterung bemerken Hunde zudem sehr schnell und werden misstrauisch. Dann achten sie erst recht darauf, ob der Typ, der da gerade reinkommt, die Aufregung bei ihrem Menschen verursacht hat und vielleicht gefährlich sein könnte. Bleiben Sie also ganz locker.

Wenn Sie Ihren Hund schon als Welpen bekommen, stehen die Chancen vergleichsweise gut, dass solche Situationen für ihn mit viel Übung völlig normal werden, denn Welpen haben noch keine territorialen Ansprüche anzumelden und gehen viel sorgloser an solche Situationen heran. Hier ist es nur wichtig, dass Sie regelmäßig üben, während Ihr Hund heranwächst, und nicht aus lauter Nachlässigkeit mehrere Monate dazwischen verstreichen lassen. Denn der Tag, an dem er die Situation auf einmal ganz anders einschätzt als früher, kann sehr plötzlich und unerwartet da sein.

Oft werden geschlossene Räume, in denen sich ein territorial motivierter Hund eine Weile aufgehalten hat, nicht nur gegen andere Hunde, sondern auch gegen fremde Menschen verteidigt. Das ist ein echtes Problem, da das Anbellen von Menschen heutzutage von unseren Mitbürgern sehr viel weniger toleriert wird als das Anbellen anderer Hunde. Mit so einem Hund müssen Sie besonders vorausschauend unterwegs sein.

Auftreten kann das Verteidigungsverhalten auch in unserem Beispiel in der Tierarztpraxis, wenn nur ein Mensch ohne Hund hereinkommt, oder im Restaurant in der gleichen Situation. Sehr häufig kommt es vor, wenn sich ein Mensch dem Sitzplatz des Hundes und seines Menschen nähert. Wenn sich

also zum Beispiel beim Tierarzt jemand auf den freien Stuhl neben diesem Mensch-Hund-Gespann setzen möchte, oder wenn im Restaurant der Kellner auf den Tisch zukommt, um die Bestellungen aufzunehmen. Es ist für alle Beteiligten sehr unangenehm, wenn in so einer Situation plötzlich ein Hund wie eine Furie bellend unter dem Stuhl seines Menschen hervorkommt und auf den Fremden losgeht, um diesen zu vertreiben.

Dieses Verhalten ist übrigens meist im Grenzbereich zwischen Territorialverhalten und Ressourcenverteidigung[7] oder Selbstverteidigung anzusiedeln. Die Motivation, den Bereich um sich selbst herum zu verteidigen, vermischt sich oft mit der Motivation, die Bezugsperson verteidigen. Das wäre dann auch als Ressourcenverteidigung oder Schutzverhalten zu werten. Und je heftiger und schneller die Reaktion des Hundes ist, desto mehr spielt meist auch Unsicherheit eine Rolle. In dem Fall sind es die Unsicherheit gegenüber dem Fremden, der sich so bedrohlich nähert, und das Bedürfnis, sich selbst zu verteidigen, welche die plötzliche Attacke durch den Hund auslösen.

Dies trifft auch auf die zweite beschriebene Situation im Restaurant zu: Essen auf dem Tisch und die anwesenden Bezugspersonen können Ressourcenverteidigung auslösen. Je mehr es zu beschützen gibt, desto heftiger kann die Reaktion des Hundes ausfallen. Und auch Unsicherheit könnte natürlich eine Rolle spielen, wenn der Kellner sich eilig dem Tisch nähert und der Hund sich dadurch selbst bedroht fühlt.

Aber was auch immer die Motivation Ihres Hundes ist, Ihr Verhalten sollte immer gleich sein:

Seien Sie aufmerksam und beschäftigen Sie sich nicht mit Ihrem Smartphone oder ähnlichem. Beobachten Sie das Umfeld und handeln Sie schon dann, wenn sich andeutet, dass der fremde Mensch (mit oder ohne Hund) sich Ihnen gleich nähern wird.

Im Zweifel fragen Sie freundlich nach, was derjenige vorhat, und bitten ihn eventuell, etwas Abstand zu halten. Seien Sie nicht schüchtern, Kommunikation erleichtert das richtige Management des Hundes. Handeln Sie nicht erst, wenn Ihr Hund schon bellend in der Leine hängt, sondern werden Sie aktiv, bevor eine schwierige Situation entstehen kann, damit Ihr Hund gar

7 Zum Thema Ressourcenverteidigung finden Sie am Ende des Buches noch ein eigenes kleines Kapitel.

nicht erst in Versuchung gerät. Nehmen Sie Ihren Hund auf die dem Fremden abgewandte Seite, so dass Sie selbst sich als Barriere dazwischen befinden. Das signalisiert einem territorial denkenden oder Ressourcen verteidigenden Hund, dass Sie sich selbst um die Angelegenheit kümmern und dass keine Aktivität seinerseits erwünscht ist. Und einem unsicheren Hund gibt es Sicherheit. Diese reine Managementlösung kann die Situation schon deutlich entspannen. Voraussetzung für das Gelingen ist, dass Sie aufmerksam bei der Sache sind und rechtzeitig handeln, anders geht es nicht.

Als Alternativverhalten zum Vorschießen und Bellen ist ein gut sitzendes und positiv mit viel Bestätigung eingeübtes Bleib-Signal in so einer Situation zusätzlich enorm hilfreich, denn dann weiß Ihr Hund, was Sie von ihm erwarten und wie er sich nun am besten zu verhalten hat.

Blickkontakt zum „Gegner“ ist ein Drohverhalten, das oft einer Attacke vorangeht. Je länger und je starrer Ihr Hund den Hereinkommenden ansieht, desto größer die Wahrscheinlichkeit, dass er gleich bellend nach vorn springen wird. Daher ist als zweites Alternativverhalten ein „Schau“ (mich an) sehr hilfreich, um den Blick Ihres Hundes auf Sie zu lenken und ein eventuelles Anstarren des Kontrahenten zu unterbrechen.

Wenn Ihr Hund nun neben Ihnen liegt und Sie anschaut, dann dürfen Sie natürlich auch mit Lob nicht sparen. Ansprache des Hundes in einem freundlichen, ruhigen Tonfall beruhigt auch die Situation. Achten Sie auf Ihre eigene Körperspannung. Sind Sie selbst völlig angespannt, wird Ihr Hund es ebenfalls sein. Das ist in manchen Situationen leichter gesagt als getan, aber es hilft enorm, einfach mal tief durchzuatmen und die Schultern zu lockern. Die eigene Ruhe überträgt sich genauso wie die eigene Aufregung auf den Hund, und entsprechend wird er reagieren.

Man kann auch in so einer Situation mit dem Clicker arbeiten. Gerade wenn man selbst aufgeregt ist und seine Stimme nicht ganz im Griff hat, bietet der Clicker eine Möglichkeit, den Hund mit einem durchweg positiv verknüpften Signal zu bestätigen. Sind aber andere Tiere in unmittelbarer Nähe, wie in dem Beispiel in der Tierarztpraxis, dann rate ich zur Vorsicht. Nicht jeder Hund und nicht jede Katze kennen das Geräusch des Clickers, und geräuschempfindliche Tiere können durchaus ängstlich auf das Clicken reagieren. Insbesondere in der Tierarztpraxis wäre es absolut unfair, ein bereits wegen der tierarzttypischen Geräusche und Gerüche ängstliches Tier durch ein Geräusch, vor dem es erschrickt, noch zusätzlich einzuschüchtern. Hier ist Rücksichtnahme natürlich oberstes Gebot.

Betreten verboten!

... der Post- oder Paketbote kommt?

Die meisten territorial motivierten Hunde empfinden Post- oder Paketboten als extrem dreist und beratungsresistent. Denn kaum hat der Hund sie erfolgreich vertrieben, kommen sie am nächsten Tag schon wieder an. Manchmal werfen sie nur etwas in den Briefkasten. Da scheint es auszureichen, nur ordentlich laut zu bellen, und schon lässt sich der komische Typ vertreiben. Aber hin und wieder werden diese Leute richtig übermütig, klingeln an der Tür und reichen sogar, irgendwelche Dinge in der Hand haltend, mit ihren Armen über die Türschwelle (Grenzübertretung!) hinein. Unfassbar, was die sich trauen!

Klar, dass ein territorial denkender Hund schnell der Ansicht ist, dagegen müsse jemand etwas tun. Denn sein Mensch macht ja keine Anstalten, diese frechen Leute zu vertreiben.

Wichtig ist in so einer Situation eigentlich nur eines: Der Hund hat an der Haustür nichts, aber auch gar nichts, zu suchen. Und das war es eigentlich auch schon.

Der Post- oder Paketbote muss nicht ins Haus hineinkommen, somit fallen alle weiteren notwendigen Maßnahmen weg. Ich muss lediglich dafür sorgen, dass mein Hund nicht in Torwächtermanier neben mir steht, knurrt und bellt oder womöglich sogar versucht, den armen Paketboten zu attackieren. Eigentlich doch gar nicht so schwer.

Wie mache ich das?

Zuerst überlege ich mir, wo mein Hund sich aufhalten soll, wenn es an der Haustür klingelt. Das kommt immer auf die Raumaufteilung an. Bei uns zu Hause bietet sich das Wohnzimmer dafür an, in anderen Haushalten ist es das Esszimmer, das Schlaf- oder Gästezimmer, in dem der Hund in diesen Momenten am besten aufgehoben ist. Es darf natürlich kein Raum sein, der bisher für den Hund tabu war, denn wir wollen, dass er sich gern dort aufhält und kein ungutes Gefühl dabei hat. Und wenn man den Raum nach erfolgreichem Postbotentraining auch für Besuchersituationen nutzen möchte, dann sollte es nicht ausgerechnet das Zimmer sein, welches die Gäste als Erstes betreten.

Postboten sind froh, wenn sie auf dem Weg zur Haustür keinen Hundegarten durchqueren müssen.

Dann stellt sich die Frage, ob Ihr Hund ruhiger ist, wenn er nicht sehen kann, was an der Haustür passiert, oder ob er sich schneller beruhigt, wenn er alles im Blick hat. Das heißt: Schließen Sie die Zimmertür hinter ihm, so dass Ihr Hund gar nichts sieht, oder bauen Sie lieber ein Kindergitter ein, hinter dem er stehen und Sie beobachten kann? Die Antwort auf diese Frage hängt vom individuellen Typ ab und natürlich auch davon, ob er ein Kindergitter als Barriere überhaupt akzeptiert. Es gibt Hunde, die über alles drüberspringen, was niedriger als zwei Meter ist, und dann erübrigt sich die Diskussion ohnehin.

Wenn die Entscheidung getroffen ist, heißt es: üben. Und zwar erst einmal ganz in Ruhe, ohne den Postboten vor der Tür.

Der Aufbau kann durchaus unterschiedlich sein. Sie können zum Beispiel vom Flur aus das Lieblingsspielzeug Ihres Hundes in den Raum werfen, in dem er sich aufhalten soll, und wenn er hinterherläuft, folgt als Belohnung ein Spiel.

Oder Sie bauen das Ganze mittels Shaping auf, indem Sie ihn entweder in Arbeitslaune bringen und die Lösung selbst finden lassen oder mit dem Clicker einfangen, wenn er zufällig gerade in den Raum hineinläuft.

Oder Sie werfen ein Leckerli in den Raum, lassen den Hund hinterherlaufen und zur Belohnung das Leckerli fressen.

Nach ein paar Wiederholungen kann das Betreten des Raumes dann mit einem Sicht- und Hörzeichen belegt werden. Ein Sichtzeichen (bei uns ist es der ausgestreckte Arm, der in Richtung des Raumes zeigt) ist insbesondere bei Hunden hilfreich, die beim ersten Türklingeln gleich in lautstarkes Gebell ausbrechen, denn die hören ein gesprochenes Wort vor lauter Bellen meist nicht.

Wenn die Übung gut klappt, kommt der nächste Schritt: das Schließen der Tür oder des Kindergitters hinter dem Hund.

Zuerst wird die Tür nur kurz geschlossen, dann wieder geöffnet und Sie gehen zu Ihrem Hund und loben ihn fürs Bleiben. Es kann auch ein Bleib-Signal verwendet werden.

Dann steigern Sie die Dauer des Geschlossenhaltens der Tür nach und nach, bauen auch mal wieder zwischendurch kurze Phasen ein, dann wieder längere, bis Sie bei ungefähr drei bis vier Minuten sind. Das sollte für die Paket-Übergabe reichen.

Als nächstes kommt die Türklingel ins Spiel.

Anfangs können Sie diese selbst betätigen und im Anschluss Ihren Hund in den anderen Raum schicken, die Tür schließen, wieder öffnen und den Hund loben.

Wenn das klappt, lassen Sie Familienmitglieder oder Nachbarn klingeln.

Funktioniert auch das gut, dann – aber wirklich auch erst dann – kann die Übung mit dem echten Paketboten durchgeführt werden.

Nach einer gewissen Zeit der Übung wird oftmals schon die Klingel zum Signal für den Hund, ins Nebenzimmer zu laufen. Bei uns klappt das, sehr zur Belustigung unserer Paketboten, die sich das Spektakel durchs Fenster anschauen, inzwischen recht gut.

Vielleicht sagen Sie jetzt: Warum denn so viel Aufwand? Ich kann meinen Hund doch auch einfach packen und in den Nebenraum setzen oder ihn körpersprachlich einschränken und so weit bedrängen, bis er den Rückzug in den Nebenraum antritt. Man muss doch nicht extra eine Übung dafür aufbauen.

Ich sage Ihnen gerne, warum sich der Aufwand lohnt: Ihr Hund wird sehr viel ruhiger sein, wenn er weiß, was gleich kommt. Er hat die Übung schon viele Male absolviert und er kann darauf vertrauen, dass nichts Schlimmes passiert, Sie ihn gleich wieder aus dem Raum herauslassen und er außerdem vielleicht sogar noch eine dicke Belohnung fürs Bleiben erhält. Wenn Sie dieses Alternativverhalten sorgfältig aufgebaut haben, gibt es ihm Sicherheit und es wird nach und nach zum gut eingespielten Ritual. Ihr Hund weiß, was Sie von ihm erwarten und wie er sich verhalten soll. Dadurch wird sich auch sein Bellen in Grenzen halten und er wird vielleicht nur kurz anschlagen, statt minutenlang im Nebenraum wie ein Berserker zu toben. Auch wenn er den Paketboten sprechen hört, ist das für ihn durch das gut eingeübte Alternativverhalten weniger aufregend, als wenn er ohne vorherige Vorbereitung einfach weggesperrt würde.

Ein Wegsperren mit Zwang und Druck baut zudem Frustration auf, die sich oft in besonders lautstarkem Bellen äußert, und es ist gar nicht gut für das Vertrauensverhältnis zu Ihnen. Sie möchten doch erreichen, dass Ihr Hund Ihnen zutraut, mit der für ihn brenzligen Lage zurechtzukommen. Aber wie soll er das, wenn Sie ihn so behandeln, dass er kein Vertrauen zu Ihnen aufbauen kann? Das wird nicht funktionieren. Seien Sie fair zu Ihrem Hund und lassen Sie ihn mitarbeiten und mitdenken. Wenn er aktiv an der Problemlösung teilhaben kann, wird das sowohl für ihn als auch für Sie sehr viel angenehmer, auch wenn die Vorbereitung etwas mehr Aufwand bedeutet. Das bisschen Übung ist doch gar nichts im Vergleich zu einem ganzen Hundeleben ohne Stress mit dem Paketboten.

... mein Hund jedes Mal völlig ausflippt, wenn es an der Tür klingelt?

Das Klingeln an der Tür ist für den territorial motivierten Hund im Grunde nichts anderes als die Ankündigung eines Eindringlings. Es ist der Alarmknopf schlechthin, der ihm sagt: „Achtung, Gefahr im Verzug! Gleich kommt jemand, der hier ins Haus will."

So ein Alarmknopf versetzt den Hund in höchste Aufregung. Und was tut ein Hund, wenn er extrem aufgeregt ist? Genau: Er bellt.

Es ist also kein Wunder, dass sich die Klingel sehr schnell zu einer Art Bell-Signal entwickelt. Das geht sogar so weit, dass ich selbst in der offenen Tür stehe und auf die Klingel drücke. Und obwohl meine Hündin sieht, dass ich es bin, die klingelt, kann sie gar nicht anders als sofort zu bellen. Die Klingel wurde durch simple klassische Konditionierung zum Auslöser einer starken Erregungslage, die wiederum das unwillkürliche Bellen auslöst. Meine Hündin kann sich gar nicht dagegen wehren, ihre Reaktion kommt ganz automatisch.

Das war nicht immer so. Früher wohnten wir im dritten Stock eines Mehrfamilienhauses. Damals ertönte mindestens einmal am Tag die Klingel, nur weil der Postbote, der Zeitungsbote oder die Müllabfuhr unten ins Haus wollten. Das heißt, es kam niemand die Treppe hoch, sondern das Klingeln hatte keine weiteren Folgen. Es war nur eines von vielen Geräuschen, die eben ab und zu auftraten. Daher bellten meine Hunde damals auch nicht, wenn es klingelte, sie achteten überhaupt nicht darauf. Dies änderte sich schlagartig, als wir in ein Haus zogen und unsere Hunde auf einmal eine direkte Verbindung hatten zwischen dem Klingeln, Geräuschen direkt vor der Haustür und unter Umständen sogar dem Anblick desjenigen, der da vor der Tür stand. Es dauerte nicht lange, bis das Klingeln sich als Bell-Auslöser etabliert hatte, denn welcher territorial motivierte Hund kann schon ruhig bleiben, wenn er sieht, dass da direkt einer vor der Tür steht und Einlass ins Kernterritorium begehrt.

Mich persönlich stört es nicht, denn so kann ich wenigstens kein wichtiges Paket verpassen. Man muss auch mal das Positive an der Situation betrachten. Wenn man beispielsweise bei lauter Musik am Staubsaugen ist, überhört man schon mal die Klingel. Einen komplett durchdrehenden Hund hingegen zu überhören ist schon schwieriger. Da hat die „Alarmanlagen-Funktion" des Hundes durchaus etwas Praktisches.

Vierbeinige Alarmanlagen aus der Besucherperspektive.

Wohnt man aber Tür an Tür mit den Nachbarn und klingelt es häufiger, dann kann das Bellen schon anstrengend werden. Was kann man in so einer Situation tun?

Ganz wichtig: Bleiben Sie ruhig. Die erste menschliche Reaktion besteht oft darin, ebenfalls laut zu werden. Da werden dann Sätze wie „Halt die Klappe“ quer durchs Haus gebrüllt, ohne dass mit dem Hund je geübt wurde, was das eigentlich bedeutet. Wie um alles in der Welt soll er denn so einen Satz sinngemäß entschlüsseln? Das Einzige, was er heraushört, ist, dass sein Mensch ebenfalls aufgeregt ist und herumschreit. Das steigert wiederum seine eigene Aufregung und regt ihn nur zu weiterem Bellen an.

Reagieren Sie selbst aufgeregt und hektisch, ist das wirklich kontraproduktiv. Reißen Sie sich also zusammen, auch wenn es schwerfällt, und bleiben Sie gelassen.

Bellt Ihr Hund erst seit kurzer Zeit beim Klingeln, dann können Sie versuchen, die Konditionierung aufzulösen und ihm ein Alternativverhalten beizubringen. Eine Möglichkeit, dies zu tun, besteht darin, zunächst immer wieder selbst zu klingeln und Ihren Hund zusehen zu lassen, damit er weiß, dass Sie das sind. Irgendwann wird er aufhören zu bellen, und in dem Moment freuen Sie sich, loben ihn und kullern sein Spielzeug oder ein paar Leckerlis über den Boden. Das wiederholen Sie so oft, bis er nicht mehr bellt, wenn Sie die Haustür öffnen und selbst die Klingel betätigen.

Als nächstes stellen Sie sich mit Ihrem Hund in Sichtweite der Haustür und lassen ein Familienmitglied klingeln. Hier wieder die gleiche Vorgehensweise.

Wenn das auch gut klappt und Ihr Hund nicht mehr bellt, lassen Sie das Familienmitglied bei angelehnter Haustür klingeln und schließlich bei geschlossener Haustür. Fangen Sie jetzt an, ein Alternativverhalten mit Ihrem Hund zu üben, zum Beispiel „Platz" oder das Bringen eines bestimmten Spielzeugs (das hat den Vorteil, dass Ihr Hund etwas im Maul hat, was den Reiz zu bellen etwas hemmt). Und üben Sie nun nicht mehr nur direkt mit Blick auf die Haustür, sondern in verschiedenen Zimmern.

Erst wenn das alles wunderbar klappt und Ihr Hund statt zu bellen das Alternativverhalten ausführt, können Sie Freunde oder Nachbarn einbeziehen, die Sie bitten, an der Tür zu klingeln. Natürlich ohne dass diese dann wirklich zu Besuch kommen. Nur kurz klingeln und wieder gehen. Es wäre zu früh, jetzt schon mit Besuch zu arbeiten.

Klappt das gut, können Sie es in den normalen Alltag integrieren, aber üben Sie trotzdem immer weiter, und zwar immer wieder zwischendurch. Einmal gelernt heißt in diesem Fall nicht, dass der Hund es auf ewig beibehalten wird. Denn jedes Mal, wenn wirklich Besuch kommt, festigt sich die ursprüngliche Verknüpfung wieder. Dies muss durch weiteres Üben stetig wieder aufgeweicht werden, sonst etabliert sich das Klingeln schnell erneut als Aufregungsfaktor.

Bellt Ihr Hund schon lange beim Klingeln, dann kann es sein, dass die Verknüpfung schon sehr fest sitzt und nicht mehr ohne Weiteres aufgelockert werden kann. In dem Fall empfiehlt es sich, zunächst für einen anderen Klingelton zu sorgen, um das Signal an sich zu ändern, bevor mit dem Üben begonnen werden kann. Mit dem neuen Klingelton können Sie dann die Übungen ebenso Schritt für Schritt aufbauen wie oben geschildert[8]. Beachten

8 Ausführlicher wird das Klingeltraining, ebenso wie das Training mit weiteren Geräuschen wie dem Klopfen an der Tür, dem Klappern des Briefkastens, dem Geräusch eines Autos in der Einfahrt etc. in dem Buch „Hilfe, es klingelt!" von Sabrina Reichel beschrieben, s. Buchtipps im Anhang

Sie aber, dass ein Verhalten, das durch klassische Konditionierung entstanden ist und sich schon über lange Zeit gefestigt hat, sehr schwer zu beeinflussen ist. Ihr Hund hat dann gar nicht die Wahl, seine Reaktion kommt ganz unwillkürlich. Das kennen wir Menschen auch: Stellen Sie sich vor, Sie haben früher schlechte Erfahrungen mit dem Zahnarzt gemacht, und jedes Mal erfüllte dabei der Geruch eines bestimmten Desinfektionsmittels die Praxis. Noch Jahre später bekommen Sie automatisch ein ungutes Gefühl, wenn Sie diesen Geruch wahrnehmen, egal in welcher Situation. Das ist klassische Konditionierung, man kann gar nichts dagegen tun, die Reaktion ist einfach da. So geht es auch einem Hund, der auf das Klingeln hin sofort in helle Aufregung gerät. Seien Sie also nicht böse auf Ihren Hund, wenn er trotz des Trainings Schwierigkeiten hat, das Bellen sein zu lassen, er macht das nicht absichtlich.

... ich Besuch bekomme?

Man kann auch mit einem territorial motivierten Hund entspannt Besucher empfangen. Allerdings bedarf die Vorbereitung darauf deutlich mehr Zeit, Geduld und Übung als mit einem Hund, der sich über jeden Besucher freut. Gehört zu Ihrem Haushalt ein territorial motivierter Hund, dann dürfen Sie nicht erwarten, dass Sie Besuchern die Tür öffnen und Ihr Hund sich von selbst im Hintergrund hält und nicht reagiert oder die Besucher gar freundlich begrüßt. Im Gegenteil, Sie sollten damit rechnen, dass Ihr Hund den Besuch ganz und gar nicht so willkommen heißt wie Sie es tun, sondern nach Kräften versuchen wird, diesen Eindringling wieder aus seinem Revier zu vertreiben.

Ganz allgemein gibt es zwei Dinge, die grundsätzlich unerlässlich sind, wenn Sie einen territorial denkenden Hund haben und sich Besuch ankündigt:

Zum einen hat ein territorial motivierter Hund in dem Bereich, den die Gäste betreten – also meist entweder am Gartentor oder an der Haustür – absolut nichts zu suchen. Er muss weder als Erster die Gäste „begrüßen“ (was diese meist ganz und gar nicht als Begrüßung empfinden, sondern eher als Bedrohung), noch muss er knurrend und bellend neben oder hinter seinem Menschen stehen und so seinem Missmut darüber, dass dieser schon wieder Fremde ins Haus lässt, Ausdruck verleihen.

Auch die Versuche, den Hund im Eingangsbereich auf seine Decke zu schicken und dort sitzen zu lassen, scheitern erfahrungsgemäß oft kläglich, denn ein Hund merkt natürlich sofort, wenn die Aufmerksamkeit seines Menschen nicht mehr hundertprozentig bei ihm ist. Was daraus resultiert, sind pures Chaos, ein herumschreiender Mensch und ein Hund, der sich bei dieser Geräuschkulisse nur in seiner Annahme, dass der Mensch diese gefährliche Situation nicht allein regeln kann, bestätigt fühlt, und daher noch heftiger reagiert.

Dabei spricht doch nichts dagegen, ein bestimmtes Zimmer zu definieren, in dem der Hund wartet, bis der Besuch hereingekommen ist, Schuhe und Jacken ausgezogen und sich hingesetzt hat. Dann ist das größte Durcheinander vorbei, der bereits sitzende Besucher stellt keine so große Bedrohung mehr dar und der Hund darf sein „Wartezimmer“ wieder verlassen.

Zum anderen ist das eigene Verhalten ein unglaublich wichtiger Faktor. Egal, wie hysterisch oder bedrohlich sich Ihr Hund auch aufführen mag: Bleiben Sie selbst immer ruhig und besonnen. Sofern Sie gut vorbereitet sind, sollte

Ein ankommender Besucher bleibt hier ganz sicher nicht unbemerkt.

das kein Problem sein. Werden Sie von einem Besucher überrascht, denken Sie daran, dass gut eingeübte Rituale nicht nur Ihrem Hund, sondern auch Ihnen selbst Stabilität vermitteln. Machen Sie daher auch in dieser Situation alles so wie immer und bleiben Sie entspannt. Hektik und Unbeherrschtheit vermitteln Ihrem Hund nur, dass Sie selbst nicht wissen, was Sie tun sollen. Das ist nicht gut. Lassen Sie im Zweifel den Besucher lieber eine Minute vor der Tür warten und bringen Ihren Hund ganz in Ruhe erst einmal aus der Schusslinie.

Beachten Sie bei allem, was Sie tun, die Perspektive, aus der Ihr Hund eine Situation wahrnimmt und einschätzt. Gehen Sie niemals davon aus, dass er automatisch die gleiche Sichtweise auf die Dinge hat wie Sie. Oftmals fehlen ihm wichtige Informationen, die Ihnen bekannt sind. Das sollten Sie bedenken.

Zum Beispiel berichtete mir ein Bekannter von folgender Begebenheit:

„Mein Bruder Uwe hatte sich zu Besuch angekündigt. Ich habe mich unheimlich gefreut, denn Uwe lebt seit einigen Jahren im Ausland und wir hatten uns ewig nicht gesehen. Meinen Hund Benno kannte er noch gar nicht und ich konnte es kaum abwarten, ihn ihm vorzustellen.

Als Uwe ankam, umarmten wir uns und ich bat ihn ins Haus. Da stellte sich Benno vor ihn und knurrte ihn an, er wollte ihn nicht hereinlassen. Ich war so enttäuscht und sauer auf Benno. Ich wollte doch zeigen, was für ein toller Hund er ist, und dann benimmt er sich so daneben. Dabei hat er doch gesehen, dass ich Uwe umarmt habe. Da muss er doch gemerkt haben, dass wir uns mögen."

So ähnliche Geschichten höre ich häufig. Die Menschen erwarten von ihrem Hund, dass dieser eine Person, die von ihnen freundlich begrüßt wurde, ebenfalls freundlich begrüßt. Das kann unter Umständen auch funktionieren, aber es muss im Vorfeld ausgiebig mit dem Hund geübt worden sein, und zwar auf neutralem Grund, mit mehreren Menschen und in verschiedenen Situationen.

Was Benno in diesem Beispiel gesehen hat, war lediglich ein ihm vollkommen fremder Mann, der seiner Bezugsperson erst gefährlich nahe kommt, diese sogar körperlich einschränkt, und dann Eintritt ins Haus verlangt. Zusätzlich hat Benno vermutlich bemerkt, dass sein Mensch sehr aufgeregt und nervös war. Vielleicht war auch der Tagesablauf etwas anders als sonst und es gab hektische Vorbereitungen. Alles Indizien, die einen Hund wachsam werden lassen. Vor diesem Hintergrund ist es kein Wunder, dass Benno misstrauisch reagiert hat.

Alternativ zu der Vorgehensweise an der Haustür, wie ich sie oben im Postboten-Kapitel beschrieben habe, gibt es übrigens auch die Möglichkeit, einen Besucher nicht zu Hause zu empfangen, sondern sich mit ihm draußen zu einem Spaziergang mit dem Hund zu verabreden und danach gemeinsam das Haus zu betreten. Viele Hunde haben dann, nachdem sie bereits einige Zeit in angenehmer Atmosphäre mit diesem Menschen verbracht haben, kein Problem mehr damit, dass dieser mit ins Haus kommt. Das gilt allerdings nicht für alle territorial motivierten Hunde. Manche werden sofort wieder wachsam, sobald sie sich der näheren Umgebung ihres Kernterritoriums annähern. Ein Test, wie der eigene Hund reagiert, ist aber einen Versuch wert. Sie haben Ihren Hund ja an der Leine und können ihn so kontrollieren, falls er unerwartete Reaktionen zeigt. Sind Sie unsicher, ob das klappt, greifen Sie zusätzlich

Auf Distanz zum Besucher entspannt zu bleiben ist oftmals schon Herausforderung genug für einen territorial motivierten Hund.

auf den Maulkorb zurück, den Ihr Hund bereits nach dem oben beschriebenen Training gut kennt und nicht als störend empfindet.

Insbesondere bei Hunden, die Besuchern gegenüber distanzlos und stürmisch, aber nicht territorial auftreten, und bei Hunden, die sich vor Besuchern verstecken oder aber diese mit deutlich unsicherer Körperhaltung (Ohren angelegt, Körperschwerpunkt hinten) anbellen, kann man mit einem sorgfältig aufgebauten Besuchertraining viel erreichen. Solche Hunde können lernen, Besucher als etwas Positives zu sehen und ihnen freundlich, aber mit höflicher Zurückhaltung zu begegnen. Wie das funktioniert, beschreibt Sabrina Reichel in ihrem Buch zum Thema Besuchertraining[9].

---

9 zu finden in den Buchtipps im Anhang

> *Bei einem ernsthaft territorial motivierten Hund liegt der Fokus allerdings in erster Linie auf dem Sicherheitsaspekt. Der Hund sollte insbesondere zu ihm fremden Personen, die sein Territorium betreten, besser auf Distanz gehalten werden. Er muss nicht lernen, die Besucher freundlich zu begrüßen, das wäre zu viel verlangt. Er muss lediglich zu akzeptieren lernen, dass diese sich im Haus aufhalten.*

Die ersten Minuten, in denen der Besuch das Haus betritt, sind dabei für die Impulskontrolle Ihres Hundes am anstrengendsten. In dem Moment ist seine Motivation, den Eindringling sofort wieder zu verscheuchen, am größten. Daher darf er nicht die Gelegenheit bekommen, den Besucher zu bedrängen oder zu bedrohen. In einem separaten Zimmer ist er in diesem Augenblick am besten aufgehoben, denn während Sie die Gäste hereinlassen, sind Sie mit Ihrer Konzentration nicht bei Ihrem Hund. Außerdem ist es auch für Ihren Hund ein wichtiges Signal dafür, dass Sie diese Situation selbst regeln, wenn er in dem Moment nicht dabei ist. Trainieren Sie das Warten in dem Zimmer wie oben in der Situation mit dem Postboten beschrieben.

Begrüßen Sie Ihre Gäste, während Ihr Hund in seinem „Wartezimmer" ist, lassen Sie sie in Ruhe ihre Sachen ablegen und sich hinsetzen. Versorgen Sie alle mit Getränken und holen Sie erst dann, wenn Ruhe eingekehrt ist und alle sitzen, Ihren Hund dazu. Es ist absolut legitim, dem Hund dafür zur Sicherheit ein Geschirr und eine Hausleine oder auch einen Maulkorb anzulegen. Lieber zu viel Absicherung als zu wenig, denn es geht ja unter anderem auch darum, dass Sie selbst entspannt und gelassen agieren können. Wenn Sie sich nicht sicher sind, ob Sie Ihren Hund im Zweifelsfall halten können, sind Sie unentspannt, und das wird die ganze Situation wieder verschärfen.

Bringen Sie Ihrem Hund bei, während der Anwesenheit der Gäste mit ausreichend Abstand zu diesen neben Ihnen zu liegen. Belohnen Sie ihn, wenn er das gut macht. Und bringen Sie ihn besser wieder ins Nebenzimmer, wenn Sie den Eindruck haben, dass es für ihn zu viel wird und er sich nicht mehr beherrschen kann. Die Übung sollte immer positiv abgeschlossen werden, und kurze Einheiten sind oft erfolgreicher als zu lange. Besser fünf Minuten in Ruhe neben Ihnen, als dass Ihr Hund nach einer halben Stunde doch noch aufspringt und jemanden anbellt, weil ihn die Situation auf Dauer zu sehr stresst.

Bitten Sie Ihre Gäste, Ihren Hund nicht anzusprechen oder streicheln zu wollen. Ein territorial motivierter Hund legt überhaupt keinen Wert darauf, von Fremden in seinem Haus angefasst zu werden. Das kann sich natürlich ändern, wenn er Ihre Gäste im Laufe der Zeit gut kennt und mag. Freunde werden toleriert und dürfen sich frei bewegen. Das werden Sie dann am Verhalten Ihres Hundes merken und können nach und nach bei diesen Besuchern Ihrem Hund mehr Freiraum geben. Achten Sie trotzdem weiterhin darauf, dass Rituale (dazu zählt vor allem, dass der Hund nicht dabei ist, während die Besucher hereinkommen) eingehalten werden, um Ihren Hund nicht durch plötzliche Veränderungen zu beunruhigen.

Meiner Erfahrung nach lernt auch ein territorial motivierter Hund früher oder später, dass es kein Problem ist, sich in Anwesenheit von Besuchern zu entspannen. Er wird aber immer ein waches Auge auf die Gäste haben. Seien Sie daher insbesondere dann auf der Hut, wenn sich die typischen Grenzverletzungen ankündigen, zum Beispiel wenn ein Gast auf der Toilette war und anschließend wieder in den Raum zurückkommt, in dem Sie mit Ihrem Hund sind. Das Durchschreiten der Tür kann durchaus auch auf einen zuvor entspannten Hund wieder stark alarmierend wirken.

Und lassen Sie Ihren Hund bitte niemals mit den Gästen alleine. Nehmen Sie ihn immer mit, wenn Sie den Raum verlassen. Denn ein ernsthaft territorial denkender Hund wird sofort die Aufgabe des Bewachers übernehmen, sobald Sie nicht mehr anwesend sind, egal wie entspannt er eben noch neben Ihnen gelegen hat. Die Wahrscheinlichkeit ist hoch, dass er von einem Augenblick auf den anderen hellwach ist und notfalls unter Einsatz aller ihm zur Verfügung stehenden Drohsignale dafür sorgen wird, dass es niemand wagt, auch nur eine einzige Bewegung zu machen.

Haben Sie Handwerker im Haus, können Sie ähnlich vorgehen wie bei Besuchern. Handelt es sich um einen zeitlich begrenzten Einsatz von nur ein, zwei Stunden, dann empfehle ich eher, den Hund die ganze Zeit über in einem anderen Raum zu lassen, damit die Handwerker in Ruhe arbeiten können und Sie nicht ständig aufpassen müssen. Sind den ganzen Tag über Fremde im Haus, behalten Sie Ihren Hund in Ihrer Nähe unter Aufsicht. Lassen Sie ihn auf gar keinen Fall mit den Handwerkern alleine. Ich kenne selbst einen Hund, der in so einer Situation sofort Wache an der Tür bezogen und den Handwerker nicht mehr aus dem Raum hinausgelassen hat, bis dem armen Mann nach mehreren Stunden endlich jemand zu Hilfe kam. Das war für ihn eine sehr beängstigende Erfahrung und ganz und gar nicht lustig.

... meine Kinder Besuch bekommen?

Der Sicherheitsaspekt ist bei Kindern selbstverständlich noch wichtiger als bei Erwachsenen. Viele Menschen, die aufgrund schlechter Erfahrungen Angst vor Hunden haben, hatten zu einer Zeit, zu der sie noch kaum positive Erfahrungen mit Hunden gesammelt hatten (also meist als Kind), eine traumatische Begegnung mit einem territorial denkenden Hund. Alle kennen wir doch die Erzählungen: „Wir haben als Kinder gespielt und sind dabei auf ein Grundstück geraten, das mit einem wackligen Zaun umgeben war. Wir haben uns nichts dabei gedacht, es war ein Abenteuer. Auf einmal standen wir Auge in Auge mit zwei großen, knurrenden Hunden."

Selbst wenn der Hund nicht beißt, sondern nur warnt, der Kopf des Kindes ist tiefer als der eines Erwachsenen, und so ein Erlebnis kann prägend fürs ganze Leben sein. Wollen Sie wirklich schuld daran sein, dass ein Mensch aufgrund eines negativen Erlebnisses mit Ihrem Hund sein Leben lang Angst vor Hunden hat? Sicher nicht. Daher sollten Sie immer ein Auge auf Ihren Hund haben bzw. dafür sorgen, dass niemand einfach so Ihr Grundstück betreten kann, wenn der Hund sich unbeobachtet draußen aufhält.

Einem großen Hund Auge in Auge gegenüberzustehen kann für ein Kind erschreckend sein, selbst wenn der Hund freundlich ist.

Das Gleiche gilt natürlich auch für das Haus. Ich kenne Familien, die es lieben, ein „offenes Haus" zu haben, mit einer stets unverschlossenen Tür, so dass die Freunde ihrer Kinder, Verwandte und Nachbarn einfach ein- und ausgehen können, wie sie möchten. Das ist sicher eine schöne Sache, wenn man einen menschenfreundlichen Hund hat, der sich über jeden Besucher freut. Mit einem territorial motivierten Hund geht das schlicht und einfach nicht, darüber muss man sich im Klaren sein. Das Risiko, dass der Hund es sich zur Lebensaufgabe macht, in diesem Chaos einmal gründlich aufzuräumen und sein Haus notfalls unter dem Einsatz seiner Zähne wie eine Festung zu bewachen, wäre viel zu groß. Insbesondere vor der Anschaffung eines Hundes sollten solche Familien sich eingehende Gedanken über eine geeignete Rasse machen, damit es nicht zu Enttäuschungen oder womöglich Schlimmerem kommt.

Kleine Kinder, die zu Besuch kommen, werden oft (aber nicht immer) noch nicht als Bedrohung wahrgenommen und vom Hund toleriert. Auch wenn diese Kinder älter werden und der Hund sie schon lange kennt, wird er sie vermutlich akzeptieren. Vorsicht ist aber geboten, wenn ein Kind im Teenageralter neue, dem Hund unbekannte, Freunde zu Besuch einlädt. Ab einem gewissen Alter, wenn die Kinder in die Pubertät kommen, beginnen Hunde, sie als Erwachsene wahrzunehmen und sich ihnen gegenüber auch dementsprechend zu verhalten. Dann kann sich das zuvor freundliche, geduldige Verhalten des Hundes gegenüber den Freunden „seiner" Kinder auf einmal verändern.

Auch wenn die eigenen Kinder wissen, wie sie sich dem Hund gegenüber zu verhalten haben, darf man natürlich nicht voraussetzen, dass andere Kinder das auch können. Niemals darf einem Kind die Verantwortung für seine seelische und körperliche Unversehrtheit selbst überlassen werden. Sind Kinder bei uns zu Besuch, tragen wir als Erwachsene für sie die Verantwortung, genauso wie für unsere eigenen Kinder. Wenn ich höre, dass Erwachsene nach einem Vorfall über ein Kind sagen, „Der ist doch selbst schuld, dass der Hund nach ihm geschnappt hat. Wieso hat er denn auch so herumgeschrien und ist weggerannt", dann kann ich darüber nur den Kopf schütteln.

Es ist egal, wie ein Kind sich verhält, es muss in jedem Fall sichergestellt sein, dass der Hund ihm nichts tut. Das bedeutet: Sind fremde Kinder im Haus, bleibt der Hund bei den Erwachsenen unter Aufsicht.

Den Kindern gegenüber, die er als Mitglieder seiner eigenen Familie betrachtet, wird ein Hund kein Territorialverhalten an den Tag legen. Aber überlassen Sie es bitte nicht Ihren Kindern, den Hund allein zu managen, wenn Besuch kommt. Kinder sind weder in der Lage, vorausschauend genug zu handeln und potenziell gefährliche Situationen richtig einzuschätzen, noch wird ein selbstständig denkender Hund darauf hören, was ein Sechsjähriger ihm sagt. Hunde nehmen Kinder ihrer Familie bis zum Teenageralter ähnlich wie kleine Geschwister wahr. Und wer lässt sich schon in einer Situation, in der die Sicherheit des Hauses in Gefahr ist, von einem kleinen Geschwisterchen Anweisungen geben? Seien Sie als erwachsene Aufsichtsperson immer dabei und haben Sie selbst ein Auge auf Ihren Hund.

... ich in einem Mehrfamilienhaus wohne und mein Hund Geräusche im Treppenhaus meldet?

Es gibt durchaus territorial denkende Hunde, die das Treppenhaus eines Mehrfamilienhauses nicht als ihr Revier ansehen, da es von zu vielen Menschen frequentiert wird, und ausschließlich die eigene Wohnung verteidigen. Diese Hunde lassen Menschen kommentarlos an der eigenen Wohnungstür vorbeigehen und werden erst dann misstrauisch, wenn jemand vor der Tür stehen bleibt und klingelt oder anderweitig Anstalten macht, die Wohnung zu betreten.

Was aber tun, wenn Ihr Hund hier nicht unterscheidet, sondern entfernte Geräusche im Treppenhaus ebenso vehement meldet wie ein verdächtiges Geräusch an der eigenen Wohnungstür?

Zunächst einmal gilt es hier, die Hintergründe zu betrachten. Aus welcher Motivation heraus reagiert Ihr Hund so empfindlich?

Oftmals sind dies Hunde, die sehr unsicher sind und sich bei jedem Geräusch, das sie hören, übermäßig aufregen, denn es könnte ja sein, dass das jemand ist, der die Wohnung betreten will. Allein der Gedanke daran jagt ihnen einen solchen Schreck ein, dass sie in helle Aufregung verfallen. Und was tut ein Hund, der sich aufregt? Genau, er bellt. Bellen ist, neben Bewegung, ein Ventil, um der Aufregung Herr zu werden. So wie wir Menschen oft anfangen, konfus zu plappern, wenn wir aufgeregt sind, so gibt es eben auch Hunde, die dann lautstark bellen.

Eine andere mögliche Ursache ist in Langeweile begründet. Der Hund möchte gern etwas Sinnvolles tun und er entdeckt, dass er Geräusche offenbar eher wahrnimmt als sein Mensch. Was liegt also näher, als sich nützlich zu machen und den Menschen auf alle möglichen Geräusche aufmerksam zu machen, die der ohne seinen Hund doch glatt überhört hätte. Der Mensch reagiert in irgendeiner Form auf das Bellen des Hundes und der Hund hat das gute Gefühl, eine wichtige Aufgabe übernommen zu haben. Super, das wird er in Zukunft öfter machen. Wie man gerade bei solchen Ursachen mit dem Hund üben kann, die Geräusche im Treppenhaus zu ignorieren, beschreibt ausführlich Sabrina Reichel in ihrem Buch „Hilfe, es klingelt!“[10].

10 siehe Buchtipps im Anhang

Ist Territorialverhalten der Auslöser, dann hat Ihr Hund einen aus seiner Sicht sehr wichtigen und ernsthaften Grund, die Geräusche zu melden, und diese Ursache lässt sich auch nicht durch Training beseitigen. Das bedeutet, dass das Training hier möglicherweise Grenzen hat, denn es kann sein, dass der Hund nur lernt, in der Anwesenheit seiner Menschen leise zu bleiben, aber nicht, wenn er allein zu Hause ist. Denn dann liegt der Job des Aufpassers allein bei ihm, es ist ja sonst niemand da, der das übernehmen kann.

Sind Sie anwesend, dann können Sie aber einiges tun, um mehr Ruhe einkehren zu lassen. Was auch immer Ihren Hund zum Bellen bringt, ganz wichtig ist auch hier: Sparen Sie sich jegliches Schimpfen, Herumschreien, Lautwerden und sonstige Strafen aller Art, denn Sie werden damit nur das Gegenteil von dem erreichen, was Sie wollen.

Hunde, die von ihrer Veranlagung her schnell auf Reize reagieren, melden oft alles, was ihnen verdächtig erscheint.

Ich kenne zu meinem größten Bedauern Menschen, die ihrem Hund regelmäßig Gewalt antun, wenn er bellt, und das Einzige, was sie dadurch erreichen, ist, dass das Bellen immer heftiger wird. Der Grund ist ganz einfach: Aggressives Verhalten gegenüber dem Hund oder womöglich schmerzhafte oder den Hund erschreckende Strafen (Kneifen, Schlagen, zu Boden drücken, mit Schepperdosen und Wurfketten drohen oder gar werfen und was es noch alles für grausame Ideen aus der Hundetrainerwelt gibt), all das steigert die Aufregung des Hundes. Durch Aggression und Geschrei erreichen wir also, dass unser Hund sich in dieser oder einer ähnlichen Situation immer mehr aufregt. Und wie wir ja wissen, ist Bellen meist Ausdruck von Aufregung. Sie merken sicherlich, wie sich hier der Kreis schließt: Der Hund ist aufgeregt und bellt deswegen – er wird bestraft, was seine Aufregung steigert – und er bellt deswegen – und wird bestraft – und bellt – und wird bestraft – und bellt … Das kann man ewig so weiterführen und wird zu keiner Lösung kommen.

Daher gilt, egal aus welcher Motivation heraus Ihr Hund bellt: Wenn Sie das Bellen nicht haben wollen, sollten Sie so ruhig, freundlich und gelassen wie möglich bleiben, um es nicht noch mehr zu steigern.

Häufig ist es bei territorial motivierten Hunden schon von Erfolg gekrönt, wenn man bei jedem Geräusch, das den Hund aufhorchen lässt, selbst kurz aufsteht, so tut, als würde man lauschen, und dann mit einem entspannten Ausatmen Entwarnung gibt. Bei uns hat sich im Laufe der Jahre ein ruhig gesagtes „Alles gut" etabliert, welches den Hunden signalisiert, dass es nichts gibt, worüber sie sich aufregen müssten.

Hilft das nicht, gibt es noch weitere Möglichkeiten. Haben Sie einen arbeitsfreudigen Hund, dann können Sie sich ein passendes Alternativverhalten für die Situation überlegen und so vorgehen wie oben beim Klingeltraining beschrieben. Dabei wird das Alternativverhalten immer dann abgefragt, wenn ersichtlich ist, dass der Hund ein Geräusch gehört hat (also z. B. wenn er den Kopf hebt und die Ohren spitzt). Wenn Sie eifrig üben und ein gutes Timing haben, wird es nicht lange dauern, bis Ihr Hund Sie schon beim Bemerken eines Geräusches kurz anschaut und auf Ihr Signal zum Ausführen des Alternativverhaltens wartet. Das ist der Moment, in dem er wirklich verstanden hat, worum es geht.

Sollte es Rückschläge geben, bleiben Sie geduldig und bedenken Sie, dass ein Verhalten, welches der Hund bereits seit längerer Zeit ausübt und verinnerlicht hat, sehr viel mehr Zeit braucht, um in ein anderes Verhalten umgelenkt zu werden, als wenn man gleich nach dem ersten „Wuff" mit dem Training beginnt. Ist Ihr Hund also schon seit drei Jahren ein begeisterter Geräusch-Melder, dann erwarten Sie keine Wunder. Das Verhalten hat sich im Laufe der Zeit stark gefestigt und ritualisiert und dementsprechend benötigt das Training auch seine Zeit. Wenn ein Hund zudem gerade nicht aufnahmefähig ist, wird er immer das Verhalten zeigen, das er am besten verinnerlicht hat. Planen Sie daher ausreichend Zeit ein, je nachdem, wie stark sich das Bellen schon etabliert hat, und haben Sie viel Geduld.

Manche Hunde lernen auch wunderbar ein „Still"-Signal. Dies können Sie zum Beispiel aufbauen, indem Sie abwarten, bis Ihr Hund nach dem Bellen von sich aus ruhig ist, und dann „Still" sagen und ihn loben. Sehr hilfreich ist beim Aufbau dieses Signals der Clicker, weil Sie damit genau die Sekunde einfangen können, in der Ihr Hund wirklich ruhig ist. Zudem klingt der Clicker immer gleich und man läuft nicht Gefahr, genervt zu klingen, was ja nach einem Bell-Anfall durchaus sein kann. Clicken Sie mindestens hundert Mal das Stillsein und sagen direkt vor dem Click „Still". Erst wenn Sie sich sicher sind, dass Ihr Hund weiß, was Sie damit meinen, dann testen Sie, ob er das Bellen unterbricht, wenn Sie „Still" sagen. Klappt das, dann gibt es natürlich den Jackpot, viel Lob und am besten auch noch ein gemeinsames Spiel, damit Ihr Hund weiß, dass er gerade eine Leistung vollbracht hat, die des Nobelpreises würdig wäre.

Seien Sie nicht enttäuscht, wenn es anfangs nicht jedes Mal funktioniert, denn Bellen hängt, wie schon erwähnt, stark mit Aufregung zusammen. Und ein sehr aufgeregter Hund ist oft nicht in der Lage, sich ausreichend zu beherrschen, um konzentriert mitzuarbeiten. Bleiben Sie am Ball und üben Sie regelmäßig auch den Signalaufbau durch Einfangen der Stille neu, damit sich das weiter festigt und keine Fehlverknüpfungen entstehen. Denn die Gefahr ist natürlich groß, dass der Hund das „Still"-Signal mit einem „Bell"-Signal verwechselt, wenn es zu oft hintereinander nicht geklappt hat und er weiterbellt, obwohl Sie „Still" gesagt haben. Dann nicht ärgern, sondern den Aufbau weiter vertiefen, bis es wirklich gut sitzt und Ihr Hund hundertprozentig verstanden hat, was Sie mit der Übung bezwecken.

Da das Üben mehrere Wochen dauern kann und man es auch nicht überstürzen darf, weil ein sorgfältiger Aufbau enorm wichtig ist, machen Sie um des lieben Friedens willen zu Anfang eine Runde durchs Haus und informieren Ihre Nachbarn, dass Ihr Hund aktuell Geräusche im Treppenhaus meldet, Sie aber daran arbeiten, und dass es während der Zeit des Übens durchaus auch mal laut werden kann. Haben Sie keine Berührungsängste: Gut informierte

Nachbarn sind in den allermeisten Fällen verständnisvolle Nachbarn. Und wenn Sie fleißig üben, ist ja auch ein Ende des Krachs in Sicht.

Sehr viel schwieriger wird es, wenn der Hund auch in Abwesenheit des Menschen jedes Geräusch meldet. Denn dann hat man keine Möglichkeit, darauf einzugehen.

Zuallererst gilt es hier abzuklären, ob hinter dem Bellen wirklich nur das Melden von Geräuschen steckt, oder ob der Hund womöglich bellt, weil er sich einsam fühlt und unter Trennungsstress leidet. Bitte stellen Sie zu diesem Zweck mindestens eine oder auch mehrere Kameras in der Wohnung auf, wenn Ihr Hund alleine ist, und filmen sein Verhalten. Wirkt er die ganze Zeit angespannt und unruhig und läuft hin und her? Oder kratzt er an Türen und Fenstern? Das sind deutliche Zeichen dafür, dass er leidet und Hilfe durch ein sorgfältig aufgebautes Training gegen Trennungsstress braucht. So ein Hund zeigt kein territorial motiviertes Verhalten, sondern der körperliche und seelische Stress äußert sich bei ihm unter anderem auch im Bellen.

Wenn Sie hingegen auf den Videos einen Hund sehen, der seelenruhig zusammengerollt oder lang ausgestreckt schläft und dann auf ein Geräusch hin die Ohren spitzt und anschlägt, dann ist dies das typische Melden von Geräuschen, ohne dass ein Stressverhalten ursächlich dahintersteckt.

Manchmal lässt sich hier durch Geräuschdämmung eine Verbesserung erreichen, zum Beispiel indem der Hund nicht direkt hinter der Wohnungstür bleibt, sondern in einem hinteren Bereich der Wohnung (Vorsicht, auch hier bitte filmen, denn es gibt Hunde, die auf die Einschränkung ihrer Bewegungsfreiheit mit Stress-Symptomen reagieren). Manchmal hilft auch Beschäftigung, die den Hund vom Lauschen abhalten soll, beispielsweise durch einen gefüllten Kong. Territorialverhalten lässt sich allerdings durch Beschäftigung nicht wirklich unterdrücken. Ein bisschen Ablenkung mag helfen, aber meist ist der Hund doch mit einem Ohr stets wachsam. Daher hat, wie oben schon geschrieben, das Training hier Grenzen. Sind die Nachbarn nicht gewillt, das Bellen zu tolerieren und muss Ihr Hund häufig allein bleiben, dann sollten Sie sich überlegen, ob Sie für diese Zeit eine Betreuung für ihn organisieren, damit er nicht zu Hause stundenlang lautstark Alarmanlage spielt.

Bitte greifen Sie keinesfalls auf selbstauslösende Anti-Bell-Halsbänder oder Schreckfallen zurück. Beides kann für den Hund eine traumatische Erfahrung sein, die dazu führen kann, dass er in der Folge Angst vor dem Alleinbleiben

Auch ein vor sich hin dösender Hund bekommt Geräusche, die für ihn eine Bedeutung haben, wahr.

bekommt und sich noch ganz andere Probleme auftun, die Sie zuvor nicht hatten. Zudem lösen die Halsbänder oft nicht nur dann aus, wenn der Hund bellt, sondern auch wenn irgendein anderes lautes Geräusch ertönt. Dann wird der Hund mit Sprühstößen gequält, obwohl er gar nichts tut, sondern draußen vor dem Fenster nur gerade jemand eine Autotür zugeknallt hat. Die Folge dieser Misshandlung kann ein zitterndes Nervenbündel sein, das zahlreiche Verhaltensprobleme und Ängste entwickelt. Also lassen Sie bitte die Finger von solchen Hilfsmitteln, die ohnehin mehr schaden als nützen, denn sie steigern auf lange Sicht nur die Aufregung des Hundes, und Aufregung wiederum erzeugt vermehrtes Bellen, womit wir wieder bei dem oben genannten Kreislauf angekommen wären.

… mein Hund sich am Gartenzaun territorial verhält?

Wer kennt dieses Bild nicht? Ein sich wie eine Furie gebärdender Hund rennt wild bellend am Gartenzaun hin und her und versucht sein Gegenüber nach Leibeskräften davon zu überzeugen, dass er ihn oder sie auf der Stelle massakrieren würde, wenn der Zaun ihn nicht davon abhielte, während auf der anderen Seite ein Passant, eventuell mit Hund, am liebsten im Erdboden verschwinden würde und versucht, möglichst rasch und unauffällig seines Weges zu gehen. Kommt Ihnen das bekannt vor? Leben Sie vielleicht auch mit so einem tobenden Gartenzaun-Ungeheuer zusammen? Ich auch, also „willkommen im Club".

Für einen territorial motivierten Hund ist es das Größte, sein Revier mit vollem Körpereinsatz zu verteidigen und dabei auch noch jedes Mal einen Erfolg zu verbuchen, weil die Passanten wirklich vorbeigehen und wieder verschwinden. Vielleicht kann man ihnen zusätzlich auch noch ein bisschen Angst einjagen und sich dadurch besonders stark fühlen. Toll!

Den eigenen Garten verteidigen zu dürfen ist für viele Hunde das Größte.

Der Hund befindet sich in einem Rausch der Hormone: Adrenalin und Dopamin pushen ihn bei seiner großen Show am Gartenzaun zu Höchstleistungen auf. Je öfter er sich über Passanten aufregt, desto öfter werden die Hormone in seinem Organismus aktiviert, bis sie unter Umständen sogar dauerhaft in Bereitschaft bleiben und der Hund aus seinem aufgeregten Aufpasserzustand gar nicht mehr herauskommt. Das kann bei anfälligen Kandidaten zu richtigem Dauerstress führen.

Zudem kann es auch recht peinlich für Sie sein, wenn sich kaum noch jemand traut, an Ihrem Grundstück vorbeizugehen, weil immer die Gefahr besteht, dass gleich die „wilde Bestie“ wieder um die Ecke kommt und Alarm schlägt. Von dem entstehenden Geräuschpegel mal ganz abgesehen. Die Nachbarn fangen an zu tuscheln und die Kinder machen auf ihrem Schulweg einen großen Bogen um Ihre Straße. Das kann unangenehme Folgen haben. Was tut man also am besten dagegen?

Auch hier, wie immer im Leben mit einem Hund, sind aggressive Reaktionen und Geschimpfe eher kontraproduktiv. Besser ist es, den Hund davon zu überzeugen, dass es gar nicht nötig ist, die Passanten vom Gartenzaun zu vertreiben, weil die auch von ganz alleine wieder verschwinden und dass es völlig ausreicht, sie still zu beobachten. Und dass es andere Dinge zu tun gibt, die genauso wichtig sind und ebenso viel Spaß machen.

Die beste Voraussetzung dafür, dass Sie Ihren Hund aus dieser Zaunpöbelei-Routine herausbekommen, ist ein gut aufgebauter, zuverlässig funktionierender Rückruf oder Pfiff. Wenn Sie das zuverlässige Zurückkommen aus allen möglichen Situationen mit Ihrem Hund bereits für den Spaziergang mit viel Spaß und Lob geübt haben, dann wenden Sie diesen großen Vorteil doch einfach auch im Garten an. Sobald Sie den ersten Beller von Ihrem Hund hören oder – wenn Sie die Straße einsehen können – sich Passanten nähern, rufen Sie Ihren Hund zu sich und loben ihn ausgiebig, wenn er bei Ihnen ist.

Je nach Charakter bieten sich verschiedene Belohnungen an, die Ihrem Hund gefallen und ihn gleichzeitig dazu veranlassen, nicht sofort wieder zum Gartenzaun zurückzuflitzen und erneut loszupöbeln. Besonders beliebt sind in so einer für den Hund doch recht aufregenden Situation zum Beispiel Zerrspiele mit einem Spielzeug oder die Suche nach auf dem Boden ausgestreuten

Leckerlis. Auch kleine Tricks wie Slalom durch die Beine, um ein Hindernis herumlaufen, sich um sich selbst drehen etc. lassen sich hier gut einbauen. Achten Sie auf jeden Fall darauf, dass Ihr Hund das Bleiben an Ihrer Seite nicht als etwas Negatives empfindet, sondern als eine spannende, spaßige Alternative.

Sind die Passanten am Zaun vorbei, lassen Sie ihn ruhig hinlaufen und diesen hinterhersehen, damit er bemerkt, dass sie auch ohne sein Zutun am Zaun vorbeigehen und keine Anstalten machen, das Grundstück zu betreten.

Ein Kontrollgang, um zu prüfen, ob die vermeintlichen Eindringlinge auch wirklich verschwunden sind, befriedigt das Sicherheitsbedürfnis.

Ist die Aufregung Ihres Hundes zu groß oder klappt es mit dem Rückruf noch nicht hundertprozentig oder bleibt er nach dem ersten Zurückkommen nicht bei Ihnen, dann lassen Sie Ihren Hund im Garten mit Geschirr und Schleppleine laufen. Dadurch haben Sie die Möglichkeit, bei sich nähernden Passanten das Ende der Leine zu ergreifen und Ihren Hund dadurch notfalls zu sich heran zu angeln. Ist er dann bei Ihnen angekommen, dürfen Lob und Spiel keinesfalls ausfallen. Dabei ist es egal, ob er die Übung schon perfekt

Ruhigen Charakteren reicht es oft schon, Passanten nur zu beobachten.

ausgeführt hat oder nicht. Es geht hier erst einmal darum, einen Fuß in die Tür zu bekommen und in Ihrem Hund die Idee zu wecken, dass ein anderes Verhalten ihn auch zum Ziel führen und ebenfalls Spaß machen kann. Für Perfektion in der Ausführung ist später noch genug Zeit. In dieser Phase geht es mehr um die Veränderung der Perspektive und die Etablierung einer Alternative für das vorher gezeigte Verhalten.

Beachten Sie auch hier, dass die Veränderung eines Verhaltens, das Ihr Hund schon seit Jahren zeigt und welches sich stark etabliert hat und zudem auch noch selbstbelohnend ist, dementsprechend auch lange dauert und viel Energie Ihrerseits erfordert. Hat Ihr Hund erst ein einziges Mal in seinem Leben einen Passanten am Zaun angebellt, dann bekommen Sie dieses Verhalten mit dem richtigen Training sicher in ein paar Tagen in den Griff. Bellt er aber schon seit mehreren Jahren Passanten an, rechnen Sie damit, dass dieses Verhalten sich schon stark gefestigt hat und sich nicht innerhalb einer Woche abgewöhnen lässt. Mit viel Geduld, Engagement und guter Laune lässt sich aber jeder Hund früher oder später davon überzeugen, dass ein Spiel mit seinem Menschen eine gute Alternative ist und dass trotzdem alles in Ordnung ist, da während dieser Zeit niemand unbemerkt das Grundstück betritt.

Dass Letzteres gewährleistet ist, ist wichtig. Ein Hund, der das Gefühl hat, von seinem Menschen überlistet worden zu sein, weil der ihn nur abgelenkt hat, während ein Fremder vom Hund unbemerkt das Grundstück betreten konnte, wird in Zukunft noch mehr Energie als zuvor in seine territorialen Aktivitäten investieren. Denn sein Mensch hat ihm gezeigt, dass er weder den Job, den der Hund macht, ernst nimmt, noch sich selbst um die Gefahrenabwehr kümmert. Das heißt, der Hund ist in puncto Grundstücksbewachung allein auf sich gestellt und wird seinem Menschen in Zukunft auch nicht mehr ohne Weiteres den Schutz des gemeinsamen Reviers anvertrauen wollen.

Wer mit einem sehr ruhigen territorial motivierten Hund zusammenlebt, der kann auch ausprobieren, ob es vielleicht zielführender ist, einfach mit seinem Hund gemeinsam mit ausreichend Abstand zum Zaun im Garten zu sitzen und ruhig zu beobachten, wie die Passanten vorbeigehen. Insbesondere die Herdenschutzhunde neigen ohnehin eher dazu, zu beobachten und erst dann aktiv zu werden, wenn jemand bedrohlich nahe an den Zaun kommt. Aber auch unter den impulsiveren Hunden gibt es Vertreter, denen dieses ruhige Beobachten eher liegt als ein Alternativverhalten. Nur brauchen sie dann ihren Menschen an ihrer Seite, der unter Umständen ihren Impuls, aufzustehen und zum Zaun zu laufen, im Ansatz zum Beispiel durch einfaches Festhalten am Brustgeschirr und ein ruhiges „Bleib“ stoppt. Bleibt der Hund, wird er natürlich gelobt und belohnt.

Hat man beide Varianten gut geübt, gibt es die Möglichkeit, sie je nach Situation zu kombinieren. Wenn ich beispielsweise mit meinen Hunden zusammen im Garten bin und sehe, wie meine Hündin einen sich auf der Straße nähernden Hund zu fixieren beginnt, spreche ich sie direkt an, lasse sie sich hinlegen und liegen bleiben, bis der Hund vorbeigegangen ist. Sind die Hunde aber alleine im Garten und fangen an zu bellen, dann rufe ich sie zu mir herein.

... mein Garten gar nicht eingezäunt ist?

Man sollte nicht glauben, dass es nötig ist, dieses Kapitel überhaupt aufzunehmen, aber die Erfahrung hat mich leider eines Besseren belehrt. Wie im ersten Teil des Buches schon erwähnt, gibt es durchaus auch heute noch eine Menge Menschen, die keinen Zaun um ihr Grundstück gezogen haben, ihren Hund aber trotzdem unbeaufsichtigt im Garten, Vorgarten oder auf der Einfahrt vor dem Haus herumlaufen lassen, und das nicht nur in winzigen Dörfern, sondern durchaus auch in ganz normalen Vorstadtsiedlungen. Die Begründung lautet meist: „Der läuft nicht weg".

Richtig, das tut er nicht, zumindest nicht weit. Was er aber tut, ist, Passanten, die an dem Haus vorbeigehen oder auf dem Fahrrad vorbeifahren, anzubellen oder gar ein Stück ihres Weges zu verfolgen, zu bedrängen oder körperlich anzugehen. Das passiert leider häufig und ist selbstverständlich nicht die Schuld des Hundes. Dieser folgt nur seinem angeborenen Bedürfnis, sein Haus und Grundstück zu verteidigen. Der Mensch ist es, der hier seiner Aufsichtspflicht nicht nachkommt.

Lebt man nun selbst in der Nachbarschaft und muss mit seinem territorial motivierten Hund täglich an diesem Grundstück vorbei, kann das den Spaziergang zur reinsten Qual machen, denn Konflikte zwischen den Hunden, die beide Revieransprüche anmelden, sind natürlich vorprogrammiert. Da kann man schon von Glück sagen, wenn man es schafft, einigermaßen diszipliniert und ohne Beißerei seinen Weg fortzusetzen. Und auch wenn der eigene Hund keine territorialen Ansprüche in der Gegend hat, kann es für ihn sehr unangenehm bis gefährlich werden, wenn auf einmal der Revierinhaber aus seinem Grundstück herauskommt und sich ihm in den Weg stellt.

Es gibt natürlich auch Hunde, die brav auf ihren Grundstücken sitzen bleiben und nur zuschauen, wie die Passanten vorbeigehen. Hat man seinen eigenen Hund an der Leine, kommt man an solchen Grundstücken ohne Schwierigkeiten vorbei. Dennoch ist es verantwortungslos, seinen Hund ohne Aufsicht und ohne Zaun draußen zu lassen, denn auch der bravste Hund kann sich beispielsweise vor einem Geräusch erschrecken und in Panik auf die Straße rennen, wo er einen Verkehrsunfall verursacht. Ein Zaun bietet nicht nur dem Passanten auf der Straße Sicherheit, sondern auch dem Hund, denn er schützt ihn vor den Gefahren, die unsere Umwelt und insbesondere der Straßenverkehr mit sich bringen. Selbst wenn auf dem Weg nur einmal am Tag ein Trecker fährt, kann diese eine Begegnung ausreichen, um dem Hund das Leben zu kosten.

Leben Sie selbst in so einer Situation, kann ich nur sagen: Ziehen Sie einen Zaun oder lassen Sie Ihren Hund nie unbeaufsichtigt nach draußen. Sie müssen ja nicht das komplette Grundstück einzäunen, wenn es sehr groß ist. Es reicht schon ein kleiner Hundeauslauf, der selbstverständlich nicht ausgerechnet den Weg zur Haustür mit einbeziehen sollte. Ein Hundeauslauf, durch den Besucher oder der Postbote hindurch müssen, ist verständlicherweise nicht optimal platziert.

Ist es ein gemietetes Grundstück, dann informieren Sie sich über mobile Zäune, die man ohne Spuren zu hinterlassen wieder abbauen kann. Dann gibt es auch keinen Ärger mit den Vermietern. Der Einsatz von sogenannten unsichtbaren Zäunen, die dem Hund über ein Sensorhalsband einen Stromschlag verpassen, wenn er das Grundstück verlassen will, verbietet sich natürlich von selbst, das ist nichts anderes als Tierquälerei.

Wenn Sie Ihrem Hund den Genuss, draußen zu liegen, gönnen wollen, dann sind Sie verpflichtet, ihn so zu sichern, dass er das Grundstück nicht verlassen kann und nicht zu Schaden kommt. Das bedeutet auch, dass eine lange Leine nicht geeignet ist, insofern Sie nicht ständig dabei sind, denn der Hund

Zäune geben Sicherheit, nicht nur für Passanten, sondern auch für den Hund selbst.

kann sich darin einwickeln und strangulieren. Und falls ein anderer Hund auf das Grundstück läuft, besteht die Gefahr, dass die beiden sich in die Leine verwickeln und böse verletzen.

Ein guter Zaun ist eine Investition, die ihr Geld wert ist.

Ist es so, dass Ihr Haus in der Mitte des Grundstückes steht und ringsum von Garten umgeben ist, dann ist es oftmals möglich, den Garten durch einen Extrazaun in einen vorderen und einen hinteren Bereich zu unterteilen. Im hinteren Bereich könnte sich Ihr Hund dann frei bewegen, während der Eingangsbereich des Hauses für Besucher und Post- oder Paketboten sicher wäre. So eine einfache Maßnahme kann Ihnen viel Ärger ersparen und anderen Menschen das Leben deutlich erleichtern. Häufig ist es mit ein bisschen gutem Willen gar nicht so schwer, praktikable Lösungen zu finden. Den Hund im gesamten Garten rund um das Haus herum frei laufen zu lassen, welchen Besucher oder Paketboten auf ihrem Weg zur Haustür durchqueren müssen, wäre hingegen fahrlässig. Ist es nicht möglich, den Garten zu unterteilen, muss der Hund durchgehend beaufsichtigt werden, um Unfälle zu vermeiden.

… mein Nachbar einen Hund bekommt?

Ein territorial motivierter Hund verteidigt sein Revier gegen Konkurrenten und Eindringlinge, während er Freunde in aller Regel toleriert. Das können und sollten Sie sich zunutze machen, wenn Sie möchten, dass Ihr Hund bestimmte andere Hunde in seinem Revier, das heißt nicht unbedingt in seinem Haus, aber doch zumindest in dessen Umgebung, akzeptiert.

Wenn Sie einen territorial motivierten Hund haben und Ihr Nachbar Ihnen erzählt, dass er sich ebenfalls einen Hund anschaffen will – egal, ob Hündin, Rüde, erwachsen oder Welpe –, dann sollten Sie sich so früh wie möglich auf neutralem Gelände zu gemeinsamen Spaziergängen verabreden.

Optimal wäre es, wenn es ein Hund aus dem Tierschutz ist, mit dem Ihr Nachbar einige Gassigänge macht, bevor er ihn mit nach Hause nehmen darf. Denn dann könnten Sie sich einfach anschließen und so hätten Ihr Hund und der andere Zeit, sich auf neutralem Boden bei gemeinsamen Gassigängen ausführlich kennenzulernen.

Gemeinsame Gassigänge mit Spiel und Spaß bilden die beste Basis für eine Freundschaft, die auch in direkter Nachbarschaft halten kann.

Ein erstes Kennenlernen sollte grundsätzlich auf neutralem Boden erfolgen.

Lassen Sie die Hunde nur dann frei laufen, wenn absolut sicher ist, dass sie auf neutralem Gelände freundlich miteinander umgehen. Ist das nicht der Fall, dann lassen Sie beide Hunde an der Leine und gehen mit ausreichend Abstand zueinander einfach parallel spazieren. Dadurch, dass Sie die gleiche Richtung einschlagen, tun Sie etwas gemeinsam, was eine Verbindung schafft. Außerdem sind die Hunde dann nicht gezwungen, sich gegenseitig anzusehen (Blickkontakt unter Fremden ist bedrohlich), sondern können links und rechts schnüffeln, während sie gleichzeitig den Geruch des anderen Hundes wahrnehmen und sich daran gewöhnen können. In die gleiche Richtung zu gehen ist sehr viel weniger aufregend als eine frontale Begegnung.

Sind Sie eine Weile so nebeneinander her gegangen, dann können Sie bestimmt bald den Abstand ein wenig verringern. Die Hunde immer mal wieder während des Parallelspaziergangs für ihre tolle Mitarbeit zu loben und zu belohnen, ist grundsätzlich eine gute Idee. So schaffen Sie noch zusätzlich positive Emotionen, während der andere Hund anwesend ist.

Haben Sie genügend Zeit, dann bietet es sich an, so viele gemeinsame Spaziergänge wie möglich auf neutralem Boden zu machen, bevor der andere Hund in der Nachbarschaft einzieht. Je mehr die beiden sich mögen und je gefestigter die Freundschaft zwischen ihnen ist, desto besser ist die Voraussetzung für eine friedliche Nachbarschaft.

Schwieriger wird es, wenn der neue Hund sofort nebenan einzieht. Aber auch dann ist zumindest ein Kennenlerntreffen auf neutralem Grund am ersten Tag ein absolutes Muss, denn es wäre fatal, wenn die beiden Hunde sich völlig fremd sind und sich direkt vor der Haustür auf einmal gegenüberstehen. In dem Fall wäre böses Blut schon so gut wie vorprogrammiert.

Bitte glauben Sie niemandem, der Ihnen erzählt, die Hunde müssten ihre Streitigkeiten unter sich ausmachen, das nur einmal durch eine ordentliche Prügelei klären, und dann sei es erledigt. Selbst wenn so ein „Unter sich ausmachen" funktionieren würde, was es nur selten tut, wäre im Fall einer gegenseitigen Abneigung, die auf territorialem Denken beruht, das Ende einer solchen Auseinandersetzung davon gekennzeichnet, dass einer der beiden Hunde – insofern er die Beißerei überlebt bzw. mit seinen Verletzungen noch laufen kann – das Weite sucht und sich im Revier des Stärkeren nie wieder blicken lässt. Genau das ist aber nicht möglich, wenn die Hunde unfreiwillig mit ihren Familien weiterhin Tür an Tür wohnen.

Der Hund, der eigentlich die Gegend verlassen müsste, wird fortan in Angst und Schrecken leben, da er jederzeit damit rechnen muss, vom anderen erneut ernsthaft gebissen zu werden. Denn er hat in dessen Revier schließlich nichts mehr zu suchen und die Tatsache, dass er sich trotzdem weiter dort aufhält, ist an Dreistigkeit kaum zu übertreffen. Nur was soll er tun, er ist ja von seinen Menschen abhängig und an deren Wohnort gebunden. Und er hat auch schon die Erfahrung gemacht, dass seine Menschen ihm in der Gefahr nicht beistehen, sondern ihn allein lassen. Das ist die Hölle auf Erden. Der Stärkere hingegen wird weiterhin jederzeit auf eine erneute Gelegenheit warten, den Eindringling von nebenan nun endlich für alle Zeiten in die Flucht schlagen zu können. Davon, dass nach so einer Auseinandersetzung Friede einkehrt, kann also nicht die Rede sein.

Auch der früher viel gerühmte „Welpenschutz" existiert nicht. Wenn der Nachbar einen Welpen bekommt, wäre es grob fahrlässig, diesen einfach so im Garten mit Ihrem erwachsenen Hund zusammenzusetzen, im Glauben, der Kleine sei ja so niedlich, dass ihm der Große schon nichts tun wird. Insbesondere Hündinnen betrachten die Welpen anderer Hündinnen als Konkurrenz für ihren eigenen Nachwuchs und können sie durchaus angreifen und ernsthaft verletzen. Auch manche Rüden sind hier nicht zimperlich. Bitte seien Sie sehr vorsichtig und lassen beide Hunde im Zweifel lieber an der Leine.

... ich selbst einen Zweithund bekomme?

Hier gilt im Grunde das Gleiche wie bei der Zusammenführung mit einem neuen Nachbarshund. Nur mit einer Einschränkung: In dem Fall darf man es nicht darauf ankommen lassen. Kann mein Hund den Hund meines Nachbarn nicht ausstehen, gibt es meist gute Möglichkeiten, damit umzugehen, zum Beispiel indem man die Gassizeiten abspricht, damit die Hunde nicht unvermittelt aufeinandertreffen. Können sich aber zwei Hunde im selben Haushalt nicht leiden, dann ist das extrem belastend für alle Familienmitglieder, einschließlich der Hunde selbst. Daher darf man hier nichts dem Zufall überlassen.

Auch wenn Sie beabsichtigen, sich einen Zweithund anzuschaffen, sind im Vorfeld Treffen auf neutralem Boden unerlässlich. Keinesfalls dürfen Sie einen fremden Hund einfach so mit nach Hause bringen und erwarten, dass Ihr Hund ihn als neues Familienmitglied willkommen heißt. Zuvor ist eine längere Kennenlernphase vonnöten, denn Ihr territorial motivierter Hund wird nur einen Zweithund akzeptieren, den er bereits kennt und mag.

Meist ist es empfehlenswert, sich für einen Hund des anderen Geschlechts als Zweithund zu entscheiden, weil die Gefahr, dass doch noch im Laufe der Zeit negative Spannungen aufgrund einer sexuellen Konkurrenz zwischen den beiden entstehen, dann zumindest schon einmal wegfällt. Um unerwünschten Nachwuchs zu verhindern, sollte einer der beiden Hunde kastriert sein, oder man muss gewährleisten können, dass die beiden sich während der Läufigkeit der Hündin nicht über den Weg laufen.

Kommen wir zurück zur Kennenlernphase. Der Zweithund sollte während dieser Zeit noch woanders untergebracht sein, z. B. im Tierheim, auf einer Pflegestelle oder beim Züchter.

In aller Regel sind zwei, drei gemeinsame Spaziergänge nicht ausreichend, um eine wirkliche Freundschaft zwischen den Hunden zu etablieren, aber das ist eine individuelle Frage, die man nie pauschal beantworten kann. Sie kennen Ihren Hund am besten. Passen Sie das Tempo, mit dem Sie die Anforderungen steigern, an das Verhalten der Hunde an und nicht an Ihren persönlichen Zeitplan. Mit einem Welpen sind natürlich altersentsprechend eher Minirunden und Treffen auf dem Gelände des Züchters gemeint und keine wirklichen Spaziergänge.

Betreten verboten!

Die gemeinsamen Spaziergänge sollten die Hunde mit tollen Erlebnissen verknüpfen. Was sich hier anbietet, richtet sich nach den individuellen Vorlieben und dem Alter der Hunde. Einfache Suchspiele nach verstecktem Futter oder Spielzeug sind meist bei Jung und Alt sehr beliebt. Achten Sie immer darauf, dass die Ressourcen zwischen den Hunden gerecht verteilt werden und dass die beiden etwas Abstand zueinander haben, wenn Ressourcen im Spiel sind, damit keine Streitigkeiten aufkommen. Ist der neue Hund sehr ressourcenorientiert und zeigt sofort Aggressionen dem anderen gegenüber, wenn der sein Futter oder Spielzeug auch nur von weitem anschaut, dann sollten Sie sich überlegen, ob Sie sich nicht besser für einen anderen Hund entscheiden, denn in so einem Fall können Situationen sehr schnell eskalieren und handfeste Auseinandersetzungen entstehen. Ist Ihr eigener Hund so ein Kandidat, dann sollten Sie von der Anschaffung eines Zweithundes unter Umständen Abstand nehmen.

Läuft alles gut und Sie haben den Eindruck, dass die Hunde sich wirklich freuen, sich zu sehen, dann können Sie die Spaziergänge von neutralem Grund auf einige Ihrem Hund gut bekannte Spazierwege verlagern.

Erst wenn Ihr Hund auch auf seinen bekannten Spazierwegen, die ja zu seinem Streifgebiet gehören, den anderen Hund wie einen Freund behandelt, gehen Sie dazu über, in Ihrer Straße spazieren zu gehen.

Klappt es in Ihrer Straße gut mit den beiden, dann können Sie es wagen, den Garten zu betreten (sofern vorhanden).

Erst, wenn die Hunde auch im Garten wunderbar miteinander zurechtkommen und es zu keinerlei Spannungen kommt, können Sie das Haus mit einbeziehen. So arbeiten Sie sich nach und nach vom neutralen Boden über das Streifgebiet und das Außenterritorium ins Kernterritorium Ihres Hundes vor. Lassen Sie den Hunden dabei so viel Zeit, wie sie brauchen.

Die Fronten sind klar. Der ältere Deutsch Drahthaar ist souverän, der jüngere Ridgeback unsicher. Ob die beiden aber in einer Wohngemeinschaft glücklich wären, steht auf einem ganz anderen Blatt.

Richtig dicke Freunde, die alles miteinander teilen, entstehen nicht über Nacht. Lassen Sie den Hunden Zeit.

Wenn es so weit ist, dass die beiden gemeinsam – nach einem Spaziergang – das Haus betreten dürfen, sollten Sie zuvor darauf achten, dass alle Dinge, um die Streit entstehen könnte, entfernt sind. Packen Sie also alle Spielsachen und Kauartikel Ihres Hundes weg, entfernen Sie den Futternapf und stellen Sie mehrere Wassernäpfe auf. Falls Ihr Hund auch seine Schlafplätze verteidigt, entfernen Sie auch diese zunächst für das erste Treffen im Haus. Später, wenn die Hunde sich ohne Streitobjekte im Haus frei bewegen und freundlich zueinander sind, können Sie diese Gegenstände alle nach und nach wieder einführen, aber für das erste Zusammentreffen im Haus wäre das zu viel unnötiges Risiko.

Achten Sie darauf, dass die Hunde sich möglichst nicht an Engstellen im Haus aufhalten, denn wenn einer von ihnen sich in seiner Bewegungsfreiheit eingeschränkt fühlt, kommt es schneller zu Streitigkeiten. Auch wenn der neue Hund das Zimmer verlässt und anschließend wieder in den Raum kommt, könnte diese Grenzübertretung ein Auslöser für eine territoriale Reaktion darstellen. Behalten Sie die Hunde daher immer im Auge und übertreiben Sie es nicht mit der Dauer des Besuches. Besser drei friedliche Minuten mit einem positiven Abschluss, als dass Ihrem Hund nach einer Viertelstunde der Kragen platzt und er doch noch unfreundlich auf den anderen reagiert.

Hat die Zusammenführung geklappt, bilden die Hunde eine nach innen harmonische Lebensgemeinschaft, die die Absicherung nach außen zusammen vornimmt.

Gehen Sie langsam vor und überstürzen Sie nichts. Freundschaft kann man nicht erzwingen. Vielleicht haben Sie sich in diesen bestimmten Hund verliebt und wünschen sich nichts mehr, als dass Ihr Hund ebenso empfindet, aber bitte, beobachten Sie Ihren Hund so objektiv wie möglich.

Wenn Sie sich des Gefühls nicht erwehren können, dass Ihr Hund das Ganze einfach nur unerträglich findet und die beiden sich irgendwie nicht so richtig mögen, dann lassen Sie es lieber sein. Das muss nicht unbedingt heißen, dass Sie sich niemals einen Zweithund anschaffen können, aber vielleicht ist dieser bestimmte Hund einfach nicht der Richtige. Hunde betrachten andere Hunde sehr individuell und genau wie bei uns Menschen mögen sie den einen eben lieber als den anderen. Auch Sie finden schließlich nicht jeden Menschen auf die gleiche Weise sympathisch und würden sicher nicht mit jedem X-Beliebigen eine Wohngemeinschaft gründen wollen.

Bedenken Sie, dass es wirklich wichtig ist, dass die beiden Hunde sich mögen und gut miteinander auskommen. Hat man zwei Hunde, die sich nicht leiden können und sich womöglich gegenseitig angreifen und verletzen, dann ist das eine grauenvolle Situation. Nicht nur die Menschen, sondern auch die Hunde stehen unter Dauerstress, was krank machen und zu negativen

Verhaltensänderungen, auch in anderen Lebensbereichen, führen kann. Meist ist es unumgänglich, dass einer der beiden Kampfhähne abgegeben werden muss.

Lassen Sie es nicht so weit kommen. Bereiten Sie im Vorfeld beide Hunde so gut wie nur irgend möglich auf ihr künftiges Zusammenleben vor. Lassen Sie sich Zeit und scheuen Sie keine Mühen. So eine Zusammenführung kann durchaus trotz täglicher Treffen mehrere Wochen dauern. Wenn es schneller geht und die Hunde schon am ersten Tag ein Herz und eine Seele sind, umso besser. Aber Sie dürfen das nicht von vornherein erwarten, sondern müssen sich nach den Hunden richten. Wenn es länger dauert, dann dauert es eben länger. Eine gute Vorbereitung danken die Hunde Ihnen mit einer lebenslangen Gemeinschaft ohne Stress. Was könnte es für einen schöneren Lohn geben?

Nähert sich ein Fremder der Bank, könnte es für ihn ungemütlich werden.

… ich mit meinem Hund im Park oder am Strand auf einer Decke oder auf einer Bank sitze und sich ein fremder Hund oder Mensch nähert?

Es ist ein wunderschöner Sommertag und Sie haben Lust auf ein Picknick im Park oder am Strand. Sie packen eine Decke, ein Buch und etwas Verpflegung ein und nehmen Ihren Hund mit, denn es ist doch eine wunderbare Vorstellung, dass Ihr vierbeiniger Begleiter diesen schönen Nachmittag mit Ihnen gemeinsam auf Ihrer Decke entspannt und die Seele baumeln lässt. Soweit zumindest der Plan.

Nun hat Ihr Hund aber eine ganz andere Vorstellung von dieser Situation. Er sieht das Ganze eher so:

Sie legen eine Decke auf den Boden, die eine deutliche und für alle sichtbare Abgrenzung des Bodens darstellt, den Sie für sich beanspruchen. Auf dieser Decke verteilen Sie zahlreiche für den Hund wichtige Ressourcen: zunächst einmal sich selbst, dann Essen, Getränke und vielleicht sogar noch ein Spielzeug Ihres Hundes. Und dann fangen Sie auch noch an, ein Buch zu lesen, und achten überhaupt nicht auf Ihre Umgebung. Für Ihren Hund ist dies eine deutliche Ansage, die er wie folgt interpretiert: „Ich bin hier, weil ich aufpassen und unseren abgegrenzten Bereich verteidigen soll."

Gesagt, getan. Ihr Hund beginnt die Umgebung zu scannen und seine Aufmerksamkeit auf jeden Passanten zu richten, der es wagt, sich Ihrer Decke bis auf eine bestimmte Distanz, die Ihrem Hund als zu gefährlich erscheint, zu nähern. Je nach Charakter, individueller Vorerfahrungen und vorhandener Impulskontrolle wird er diesen Passanten entweder fixieren und bei weiterer Annährung durch Knurren warnen, oder er stürzt sich gleich wild bellend auf diesen. Dieses Verhalten kann auch ein anderer Hund auslösen, der sich zu nah an der zu verteidigenden Decke vorbei- oder gar darauf zu bewegt.

Durch die feste Abgrenzung des Bereiches, die mitgebrachten Ressourcen und Ihr eigenes Desinteresse an der Umgebung haben Sie Ihrem Hund die Aufgabe des Bewachers übertragen. Deutlicher hätten Sie es ihm kaum sagen können, also wundern Sie sich nicht, wenn er diesen Job voller Inbrunst erledigt.

Schließlich will er Ihnen gefallen und sich nützlich machen. Einfach nur herumzuliegen und nichts zu tun wäre aus seiner Sicht in dieser Situation nicht sinnvoll, denn Sie passen ja nicht auf, und irgendwer muss es schließlich tun.

Dabei ist es schwer zu sagen, ob es sich hier nun um Territorialverhalten oder Ressourcenverteidigung handelt. Es wird vermutlich in den meisten Fällen eher eine Mischform aus beidem sein und es ist individuell sehr verschieden, welche Prioritäten ein Hund setzt. Verteidigt ein Hund zum Beispiel den Platz, an dem er und sein Mensch sich befinden, nur dann, wenn auch sein Spielzeug dabei ist, dann wird es ihm in erster Linie um diese Ressource gehen. Dauert es hingegen eine kleine Weile, bis er anfängt, diesen Platz zu verteidigen, und beruhigt er sich schnell wieder, nachdem der Ort gewechselt wurde, dann hat Territorialverhalten meist zumindest einen gewissen Anteil an den auslösenden Faktoren. Aber wie auch immer man es nun bezeichnet, es ist Fakt, dass viele territorial motivierte Hunde auch dazu neigen, Plätze außerhalb ihres eigenen Reviers, an denen sie sich eine Weile aufgehalten haben, nach außen zu verteidigen.

Auch wenn die Umgebung nicht so deutlich abgegrenzt ist und man beispielsweise auf einer Bank oder einem Stein oder einfach im Gras sitzt, ziehen viele territorial motivierte Hunde im Geiste eine Art „unsichtbaren Zaun“ um

Sobald man sich mit dem Hund einen festen Platz gesucht hat, beginnt er, die Umgebung zu beobachten.

diesen Bereich herum und passen auf, dass keiner diese Grenze überschreitet, der dazu nicht befugt ist. Sobald jemand die vom Hund tolerierbare Distanz unterschreitet, erkennt der Hund Handlungsbedarf.

Wie kann man so eine Situation meistern?

Zunächst sei gesagt: Wenn Sie völlig gedankenverloren auf einer Decke im Park liegen, entspannen und ein Buch lesen möchten, dann lassen Sie Ihren territorial motivierten und/oder ressourcenorientierten Hund besser zu Hause, denn das wird mit ihm nicht funktionieren. Haben Sie Ihren Hund in so einer Situation dabei, dann müssen Sie immer mit einem Auge die Umgebung beobachten, anders geht es nicht. Wenn Sie aber die Umgebung im Blick haben und Ihrem Hund bei einem sich nähernden Passanten signalisieren können, dass Sie diesen gesehen haben und die Lage im Griff haben, dann haben Sie gute Chancen auf einen ruhigen Begleiter.

Gehört Ihr Hund zu der Sorte aus dem Stand pfeilschnell nach vorn schießende Furie, dann nehmen Sie ihn zur Absicherung besser an die Leine. Verzichten Sie zudem darauf, zu viele Ressourcen mitzunehmen, die die Verteidigungsbereitschaft Ihres Hundes nur unnötig erhöhen. Setzen Sie sich auf Ihre Decke oder auf eine Bank und bringen Sie Ihren Hund in eine positive Stimmung, indem Sie ihn kleine Kunststücke, Sitz und Platz machen lassen und ihn mit freundlicher, gelassener Stimme und eventuell ein paar Belohnungshappen dafür loben.

Ist der Mensch aufmerksam, kann der Hund auch ruhig mal die Augen schließen.

Beobachten Sie die Umgebung. Nähert sich ein Mensch, dann sollte sich Ihr Hund, genau wie oben in dem Beispiel in der Tierarztpraxis beschrieben, keinesfalls zwischen Ihnen und diesem Menschen befinden. Das würde ihm nur wieder einen Arbeitsauftrag vermitteln. Besser ist es, wenn Ihr Hund neben oder hinter Ihnen bleibt. Loben und belohnen Sie jedes neutrale Verhalten Ihres Hundes.

Blickt er den Menschen ruhig an, ist das ein Lob wert. Gerät er jedoch ins Starren, zeigt also Drohverhalten, insbesondere wenn der Mensch sehr nahe kommt, dann unterbrechen Sie den Blickkontakt. Das tun Sie, indem Sie seine Aufmerksamkeit auf sich lenken, entweder durch ein zuvor eingeübtes Signal („Schau mich an") oder indem Sie aufstehen und sich mit Ihrem Hund gemeinsam zügig ein paar Schritte von dem Menschen und von Ihrem Sitzplatz entfernen. Bewegung fort von dem vom Hund als potenzielle Bedrohung identifizierten Menschen entschärft die Situation ebenso wie das Verlassen des Platzes, den der Hund verteidigen würde. Außerdem wird die Aufmerksamkeit des Hundes dadurch automatisch geteilt und ist nicht mehr komplett auf den Auslöser fokussiert. Insbesondere wenn ein unbedarfter Hund direkt auf Ihren Sitzplatz zusteuert, ist Aufstehen und einige Schritte Fortgehen die beste Lösung, denn dann wird Ihr Hund sehr viel weniger heftig auf den anderen reagieren, als wenn er sich noch innerhalb seiner imaginären „Festung" befindet.

Ihr Schwerpunkt bei diesen Übungen liegt darin, Ihren Hund gut zu beobachten und jedes neutrale oder freundliche Verhalten gegenüber vorbeigehenden oder sich nähernden Passanten, ob Hund oder Mensch, zu loben und zu belohnen. Sie werden sehen, dass Ihr Hund sehr schnell dazu übergehen wird, immer öfter erwünschtes Verhalten zu zeigen und immer seltener in die Verteidigungsposition zu gehen. Voraussetzung ist aber, dass Sie selbst aufmerksam sind und sich nähernde Personen und Hunde bemerken. Sind Sie unaufmerksam oder abgelenkt, wird Ihr Hund sicher schnell wieder die Rolle des Aufpassers übernehmen.

Das heißt, kurz gefasst: Die Situation ist gut zu meistern, solange Sie aufmerksam sind und vorausschauend handeln. Das allerdings ist unverzichtbar. Mit einem Hund, der dazu neigt, die Parkbank, auf der man sitzt, zu verteidigen, darf man nicht vor sich hin träumen oder gedankenverloren auf dem Smartphone herumtippen.

... mein Hund bei Hundebegegnungen Aggressionen zeigt?

Aggressives Verhalten bei Hundebegegnungen ist sehr häufig und hat unterschiedliche Ursachen. Einer der Hauptfaktoren ist soziale Unsicherheit, denn insbesondere frontale Begegnungen auf engen Wegen sind mit einem hohen Konfliktpotenzial belegt. Hätten die Hunde die Wahl, würden sie sich nicht direkt anschauen und zunächst in einem Halbkreis mit viel Abstand umeinander herumbewegen, um die Situation zu entschärfen. Dies ist aber in unserem Alltag meist nicht möglich. Die Wege sind eng, die Hunde müssen wegen der nahen Straße an der Leine laufen, sie können ihr Tempo nicht selbst bestimmen und werden von ihren Menschen immer wieder rücksichtslos in frontale Begegnungen mit anderen Hunden hineingezerrt. Kein Wunder, dass viele Hunde das nervlich nicht aushalten und mit Aggressionsverhalten reagieren, um auf diese Weise die Distanz zu dem ihnen entgegenkommenden Hund möglichst groß zu halten.

Eine andere Ursache von aggressivem Verhalten bei Hundebegegnungen an der Leine ist Frustration, insbesondere bei jungen, impulsiven Hunden. Der Hund sieht den Artgenossen und will zu ihm hin. Er wird aber durch die Leine daran gehindert, was Frust aufbaut, der sich in aggressivem Verhalten äußern kann. Oft wird ein solches Verhalten schon in der Welpenspielgruppe unbeabsichtigt gefördert, denn dort lernen die jungen Hunde, dass der Anblick von Artgenossen immer ein wildes Spiel bedeutet. Leinen los und ab geht's. Mit der Tatsache umzugehen, dass das im Alltag nicht immer geht, lernen sie hingegen meist nicht, obwohl dies immens wichtig wäre. Wenn Sie gerade vor der Entscheidung für oder gegen eine bestimmte Welpenspielgruppe stehen, achten Sie darauf, dass es dort neben dem Spiel auch Entspannungsphasen und kleine Erziehungsübungen gibt, in denen der Hund sich trotz der Anwesenheit anderer Welpen ruhig verhalten und für kurze Zeit konzentrieren muss.

Hunde, die in der Welpengruppe mit anderen Hunden immer nur Spiel und Spaß verknüpft haben und nie gelernt haben, sich in Anwesenheit anderer Hunde diszipliniert zu verhalten, sind häufig auch die Kandidaten, die auf dem Hundespaziergang wildfremde Artgenossen zur Begrüßung einfach so über den Haufen rennen. Das mag spielerisch gemeint sein, kommt aber beim Gegenüber oft ganz und gar nicht so an. Die meisten erwachsenen Hunde haben eine mehr oder weniger große Individualdistanz, auf deren Wahrung sie bestehen. Ist der so unhöflich überrannte Hund wehrhaft, kann daher

durchaus aggressives Verhalten folgen. Ist er hingegen sehr schüchtern, klein oder alt, dann jagt ihm eine solche Begegnung unter Umständen eine Heidenangst ein. Man sollte also immer darauf bedacht sein, seinen Hund davon abzuhalten, fremde Hunde mit einem Bodycheck zu „begrüßen", sondern den Hund von Anfang an in eine vorsichtige und rücksichtsvolle Annäherung lenken und diese dann auch entsprechend loben.

Haben Sie bereits ein Problem mit aggressivem Verhalten Ihres Hundes gegenüber anderen Hunden, dann ist es in erster Linie wichtig, drohende Konflikte zu entschärfen, indem Sie der Situation die Brisanz nehmen. Das bedeutet konkret, dass Sie Ihren Hund nicht in eine frontale Annäherung an einen anderen Hund zwingen, sondern ihm die Möglichkeit geben, Distanz zu wahren.

Umsetzen können Sie dies beispielsweise, indem Sie die Straßenseite wechseln, einen Bogen um den entgegenkommenden Hund gehen, den eigenen Hund auf die dem Entgegenkommenden abgewandte Körperseite nehmen oder auch mal zur Not, wenn es ganz eng ist, in einen Hauseingang ausweichen.

Haben Sie keine Angst, dass jemand Sie als Feigling bezeichnet, weil Sie der Situation aus dem Weg gehen, das ist Quatsch. Distanz entschärft bestehende Konflikte oder, noch besser, lässt sie gar nicht erst aufkommen. Ist die Distanz zum anderen Hund Ihrem Hund angenehm, dann haben Sie eine gute Chance, dass Ihr Hund ruhig bleiben kann. Und nur ein ruhiger Hund ist in der Lage zu lernen. Wenn der Hund schon wie eine wilde Bestie tobt, brauchen Sie sich um Training keine Gedanken zu machen, denn das bekommt er in dem Moment ohnehin nicht mit. Ist er hingegen ruhig und ansprechbar, dann können Sie den Anblick des anderen Hundes mit positiven Emotionen verknüpfen und so eine gute Basis für das weitere Training schaffen.

Es gibt eine breite Auswahl geeigneter Alternativverhaltensweisen bei Aggressionsverhalten gegenüber anderen Hunden. Bei Hunden, die gerne ihr Spielzeug tragen, hat sich dieses Alternativverhalten bewährt, während bei anderen das Schnüffeln nach ausgestreutem Futter am besten klappt. Auch ein einfaches „Sitz", positiv aufgebaut, ist oft ein passendes Alternativverhalten. Um ein Drohfixieren des anderen Hundes zu unterbrechen, ist eine kurze Blickkontaktaufnahme zum Menschen oft ein gutes Mittel. Und häufig bietet es sich schlicht an, für unterschiedliche Situationen verschiedene Alternativverhalten geübt zu haben, die dann jeweils abgerufen werden können, denn nicht jedes Alternativverhalten eignet sich für jede Situation gleich gut.

Für den tieferen Einstieg in das Training kann ich Ihnen wärmstens das Buch „Leinenrambo"[11] empfehlen, das eine Trainingsanleitung mit genauen Tipps für den Aufbau und vielen Ratschlägen für spezielle Situationen beinhaltet.

Da es in diesem Buch hier um territoriales Verhalten geht, muss ich allerdings anmerken, dass die Sache einen kleinen Haken hat. Territorial motivierte Aggression gegenüber anderen Hunden ist nämlich nicht das Gleiche wie das, was man im Allgemeinen unter Leinenaggression versteht. Reagiert ein Hund aus territorialer Motivation heraus aggressiv auf den Anblick anderer Hunde, bemerkt man das meist daran, dass sein Verhalten immer stärker wird, je näher er seinem Kernterritorium (also seinem Haus oder häufig auch seinem Auto) kommt. Ist man hingegen mit ihm in neutralem Gebiet unterwegs, auf

11 von Sabrina Reichel, zu finden in den Buchtipps im Anhang

Ein einfaches „Sitz“ bietet sich unterwegs häufig als passendes Alternativverhalten an.

das er keinerlei Ansprüche erhebt, dann ist er meist umgänglich und mit anderen Hunden verträglich.

Das bedeutet, dass hier noch eine ganz andere Motivation wirkt. Ein ernsthaft territorial denkender Hund, der in seinem Revier einem anderen, womöglich sogar gleichgeschlechtlichen, Hund begegnet, will diesen weder freundlich begrüßen und ein wildes Spiel mit ihm starten, noch will er ihn sich aus Unsicherheit vom Leib halten. Er will nur eines: den Eindringling aus seinem Revier vertreiben. Und das meint er unter Umständen auch wirklich ernst. Hier sind also Experimente nach dem Motto: „Lassen wir die Hunde doch mal ‚Hallo‘ sagen“ oder „Die regeln das schon unter sich“ ganz und gar unangebracht, denn das kann in einer ernsthaften Beißerei enden. Ein Hund, der sich selbst als Revierinhaber betrachtet und sein Gegenüber als Konkurrenz, versteht in dieser Angelegenheit keinen Spaß.

Hundebegegnungen im eigenen Revier verlaufen mit einem territorial motivierten Hund oft unentspannt.

Aus diesem Grund bin ich bei territorial motivierter Aggression unter Hunden der Ansicht, dass man durchaus ein positiv aufgebautes Training versuchen kann, um den Spaziergang angenehmer zu machen, aber dieses Training hat Grenzen. Da es sich oftmals um gemischte Ursachen handelt, erreicht man häufig eine Besserung. Denn hat man zum Beispiel einen territorial denkenden und zugleich unsicheren Hund an seiner Seite, kann man zumindest an der Unsicherheit gut arbeiten und den Hund dadurch allgemein entspannter machen. Eine reduzierte Aufregung ist schon die halbe Miete und der Spaziergang wird dadurch insgesamt angenehmer werden.

Die territoriale Motivation kann man einem Hund aber nicht einfach abtrainieren, man kann sie nur durch gutes Management lenken. Dazu gehört in erster Linie eines der allerwichtigsten und zugleich einfachsten Hilfsmittel: die Hundeleine.

Ein angeleinter Hund ist ein kontrollierbarer Hund. Er kann sich nicht einfach auf entgegenkommende Artgenossen stürzen und die gesamte Situation ist für alle Beteiligten weniger beängstigend. Um sie noch weiter zu entschärfen gehört zum Management auch, eine für alle anwesenden Hunde angenehme Distanz zu wahren und Alternativverhaltensweisen wie „Sitz“ positiv aufzubauen und zu üben, bis sie in jeder Situation abrufbar sind. Ebenfalls kann man den Hund durch den eigenen Körper abschirmen, indem man sich selbst zwischen ihm und dem anderen Hund bewegt. Das beinhaltet gleichzeitig auch das oben schon beschriebene Signal, dass man sich selbst um die Situation kümmert. Denn wenn Ihr Hund sich zwischen Ihnen und dem anderen Hund bewegt, ist die Gefahr groß, dass er glaubt, Sie würden ihm die Zuständigkeit für die Situation übertragen. Sitzt er hingegen hinter Ihnen, ist dies ein deutliches Zeichen, dass er sich zurückhalten soll.

Es sollte selbstverständlich sein, dass Sie unübersichtliche Ecken zunächst selbst einsehen und Ihren Hund hier nicht auf gut Glück vorauslaufen lassen. Beispielsweise sollten Sie grundsätzlich als Erster beim Aufbruch zum Spaziergang aus der Tür schauen und die Lage sondieren, bevor Ihr Hund ebenfalls hinaus darf, um nicht das Risiko einzugehen, dass gerade in dem Moment der Nachbarshund vorbeiläuft und Ihr Hund sich umgehend in eine Prügelei stürzt. Ebenso sollten Sie Ihren Hund neben sich laufen lassen oder an die Leine nehmen, wenn Sie beim Spaziergang an unübersichtliche Wegstellen kommen, wo plötzlich ein anderer Hund vor Ihnen auftauchen könnte. Das gehört zum vorausschauenden Handeln, das man sich mit einem territorial motivierten Hund aneignen sollte, dazu.

Natürlich ist im Alltag nicht alles vorhersehbar und nicht jede Situation kontrollierbar. Wir alle kennen dieses frustrierende Gefühl, wenn man seinen eigenen Hund an der Leine durch sein Revier führt, und auf einmal kommt ein „Der will nur spielen“ ohne Leine und scheinbar auch ohne menschliche Begleitung um die Ecke gerannt und stürzt sich voller Begeisterung auf unseren Hund, welcher auf einen solch dreisten Affront selbstverständlich nicht gerade freundlich reagiert. Das ist nicht schön. Aber wenn dann der zu diesem Hund gehörende Mensch irgendwann angehechelt kommt, lassen Sie sich nicht einreden, es sei Ihre Schuld, dass es eine Auseinandersetzung gab. Jeder ist für seinen Hund verantwortlich und hat dafür zu sorgen, dass dieser jederzeit kontrollierbar ist und keine anderen Hunde oder Menschen belästigt. Da Sie Ihren Hund an der Leine führen, werden Sie dieser Verantwortung gerecht, der andere hingegen nicht.

Sehen Sie aber schon aus der Ferne, dass der freilaufende Hund, der Ihnen entgegenkommt, offensichtlich nicht auf seinen Menschen hört und tut, was immer er möchte, dann drehen Sie lieber um und lassen es nicht auf eine Konfrontation ankommen. Denn auch das gehört zur Verantwortung und zum

Auf neutralem Boden gibt es keinen Grund für Streitigkeiten.

vorausschauenden Denken, dass Sie andere vor einer unschönen Begegnung mit Ihrem Hund bewahren, sofern das möglich ist. Ob der andere Ihnen sympathisch ist und sich richtig verhält oder nicht, ist dabei irrelevant.

Man muss aber auch mal die positiven Seiten betrachten: Das Gute an einem Hund, der aus territorialer Motivation heraus aggressiv auf andere Hunde reagiert, ist, dass er das nur in einem räumlich begrenzten und einschätzbaren Bereich tut. Das heißt, Sie sind darauf vorbereitet, was kommt, wenn Sie mit Ihrem Hund in dessen Revier spazieren gehen. Und nicht nur Sie selbst, sondern auch die Nachbarn aus der Umgebung bekommen mit, dass es nicht ratsam ist, wenn ihre Vierbeiner Ihrem Hund zu nahe kommen. Insofern Sie die Höflichkeitsregeln einer guten Nachbarschaft beachten, werden Sie somit bald dazu übergehen, einen großen Bogen umeinander zu machen und sich nur noch aus der Ferne zuzuwinken, wenn Sie die Hunde dabei haben. So werden Auseinandersetzungen zwischen den Hunden vermieden und es entstehen auch keine nachbarschaftlichen Konflikte.

Auch wenn Sie nicht in einem kleinen Dorf wohnen, werden Sie im Laufe der Zeit die Hunde der Umgebung kennen, und auch deren Menschen kennen Sie und Ihren Hund. Sie wissen, dass Ihr Hund keinen Wert auf Begegnungen mit anderen Hunden in seinem Revier legt, und damit steigen die Chancen, dass sie schon aus der Ferne ihren Hund an die Leine nehmen, wenn sie Sie mit Ihrem ebenfalls natürlich angeleinten Hund sehen. Es gibt keine schlauen Tipps und keine lustigen Vorschläge in der Art von „lassen wir sie doch mal miteinander spielen" mehr und Sie müssen sich nicht ständig erklären und schildern, warum, wieso und weshalb Ihr Hund in dieser Umgebung nicht gut auf andere Hunde zu sprechen ist. Das ist okay so, damit kann man doch relativ entspannt leben.

In neutralem Gebiet ist Ihr Vierbeiner dann ja deutlich freundlicher gegenüber anderen Hunden bzw. hat zumindest keine territoriale Motivation. Hat er dort auch Probleme mit anderen Hunden, dann hat das andere Gründe. In den meisten Fällen resultiert dies, wie schon erwähnt, aus sozialer Unsicherheit und ist eine Bewältigungsstrategie. An diesem Verhalten lässt sich aber meist gut arbeiten.

… ich mit meinem territorial motivierten Hund in Urlaub fahre?

Natürlich möchten wir auch im Urlaub unsere geliebten vierbeinigen Familienmitglieder um uns haben. Doch gibt es auch hierbei einiges zu beachten, wenn man einen territorial motivierten Hund an seiner Seite hat. Dabei ist Urlaub nicht gleich Urlaub. Wer in ein einsam gelegenes Ferienhaus im Wald fährt, wo nur einmal in der Woche jemand vorbeikommt, muss sich um Territorialverhalten keine Gedanken machen, weil kein potenzieller Eindringling den Hund provoziert und gelegentliches Gebell auch niemanden stört. Das ist sicher die entspannteste Möglichkeit, mit einem territorial denkenden Hund Urlaub zu machen. Aber da dies nicht überall machbar ist und auch nicht jedem liegt, werfen wir mal einen Blick auf andere Arten des „Urlaubens mit Hund".

Zunächst einmal gibt es wieder individuelle Unterschiede zwischen den Hunden. Denn mancher Hund verteidigt einen neuen Aufenthaltsort bereits nach wenigen Minuten, während ein anderer eine ganze Woche braucht, bis er sich so heimisch fühlt, dass er Territorialverhalten zu zeigen beginnt. Bis dahin ist der Urlaub vielleicht schon wieder zu Ende. Die meisten territorial motivierten Hunde fangen aber früher oder später an, auch ihr Feriendomizil zu bewachen, Geräusche zu melden und potenzielle „Einbrecher" oder fremde Hunde aktiv zu verscheuchen. Daher möchte ich auf einige diesbezügliche Risiken eingehen.

Camping:

Urlaub auf dem Campingplatz ist schön. Man hat mit Wohnwagen oder Wohnmobil quasi sein eigenes Zuhause dabei und ist doch im Urlaub. Das ist ganz wunderbar, allerdings bedeutet die Tatsache, dass man mit dem eigenen Wohnwagen reist, in der Regel, dass der Hund diesen bereits als mobiles Zuhause kennt und vom ersten Tag an ebenso verteidigt wie das eigene Auto. Das heißt, Sie brauchen auch hier klare Verhaltensregeln für den Hund und gegebenenfalls eine Hundebox, falls Sie ein geselliger Mensch sind und in Ihrem Wohnwagen Besuch von anderen Campern empfangen möchten. Andernfalls wird Ihr Hund Ihren Gästen sicher bald klarmachen, dass er von dieser Idee gar nichts hält.

Sind Sie nur mit dem Zelt unterwegs, wird Ihr Hund dieses vermutlich auch verteidigen, aber da man im Zelt selten Besucher empfängt, könnte das

Dass zwei Zeltnachbarn so harmonisch nebeneinander liegen, sollte man besser nicht voraussetzen.

weniger bedeutend sein. Nur müssen Sie bedenken, wie dünn die Zeltwände sind. Mit einem Hund, der verdächtige Geräusche meldet, werden Sie vermutlich nicht viel Schlaf bekommen (und Ihre Nachbarn auch nicht), denn es läuft ja ständig irgendwer nachts am Zelt vorbei.

Eine Freundin von mir wollte mal gemeinsam mit ihrem territorial motivierten Hund auf einem Parkplatz am Strand, auf dem das Übernachten erlaubt ist, im Auto schlafen. Sie hatte sich das wunderbar vorgestellt, mit Blick in den Sternenhimmel einzuschlafen und am nächsten Morgen frisch ausgeruht gleich mit einem Strandspaziergang in den Tag zu starten. Nur wurde leider nichts aus der ersehnten Ruhe. Ihr Hund, der ein vehementer Verteidiger seines Autos war, regte sich über jedes Rascheln, jede Stimme und jeden Schritt, den er draußen hörte, auf und bellte die gesamte Nacht hindurch. Am nächsten Morgen war meine Freundin wie gerädert und beschloss, dass Camping mit diesem Hund definitiv nicht das Gelbe vom Ei war.

Wie Sie auf dem Campingplatz mit den Nachbarn zurechtkommen, hängt außerdem von weiteren Faktoren ab. Haben Sie zum Beispiel eine territorial motivierte Hündin, die in der Nähe Ihres Hauses keine andere Hündin toleriert, dann kann es sehr anstrengend sein, wenn die Leute auf dem benachbarten Stellplatz, der ja meist nur ein bis zwei Meter vom eigenen entfernt ist, ebenfalls eine Hündin haben. Selbst wenn beide Parteien so vernünftig sind, ihre Hunde immer an der kurzen Leine zu führen, kann schon das Gebell bei jedem Blickkontakt der Hunde verständlicherweise zu Beschwerden der anderen Camper führen.

Auch unvorsichtige Nachbarn, die unvermutet dem Bereich rund um Ihren Stellplatz zu nahe kommen, können einen Schreck fürs Leben bekommen, wenn auf einmal Ihr Hund bellend auf sie zuschießt und deutlich macht, dass kein weiterer Schritt auf sein mobiles Zuhause zu von ihm geduldet wird. Im Zweifel muss Ihr Hund dann immer im Innenbereich des Wohnmobils bleiben oder aber an einer kurzen Leine oder in der Hundebox verweilen, damit sich niemand von ihm bedroht fühlt.

Die offene Wohnwagentür bietet sich wunderbar als Beobachtungsposten an.

Leider kann man oft nicht beeinflussen, wo der eigene Stellplatz gelegen ist. Man ist auf den guten Willen und die Voraussicht der Campingplatzinhaber angewiesen. Nur wenn man immer wieder denselben Platz ansteuert und dort bereits bekannt ist, hat man meist Chancen auf ein Mitspracherecht und kann darum bitten, nicht im Umkreis anderer Hunde oder am besten gleich in einer komplett abgelegenen Ecke untergebracht zu werden. Dennoch empfehle ich, auch bei Plätzen, die man zum ersten Mal ansteuert, im Vorfeld anzurufen und die Situation zu schildern. Gerade auf manchen natürlich gestalteten Campingplätzen besteht die Möglichkeit, einen abgelegenen Stellplatz zu erhalten. Dann hat man es zwar etwas weiter bis zu den Waschräumen, aber zumindest laufen dann nicht ständig andere Hunde am Stellplatz vorbei und man hat mit seinem vierbeinigen Stellplatzwächter weniger Stress.

Wild zu campen, ganz ohne Nachbarn, wäre mit einem territorial motivierten Hund natürlich ein Traum, aber in den meisten europäischen Ländern ist es verboten.

Hotel:

Im Hotelzimmer selbst ist es meist ganz angenehm mit Hund – wären da nur nicht die anderen Gäste. Viele Hotels sind schon so schlau, die Gäste mit Hund am Ende des Flurs einzuquartieren, damit sie nicht mit ständigem Durchgangsverkehr zu tun haben. Dennoch läuft natürlich alle Nase lang jemand über den Flur und macht Geräusche, und viele territorial motivierte Hunde melden dies lautstark. Schließlich soll kein Fremder die Chance bekommen, ohne Vorwarnung der Familienmitglieder das Zimmer zu betreten oder sich auch nur auf dem Flur der Tür zu nähern. Ein pflichtbewusster Hund wird hier nicht untätig bleiben.

Außerdem muss man im Hotel damit rechnen, dass andere Gäste ebenfalls ihre Hunde mitnehmen. Und das wiederum kann zu Problemen führen. Kommen Sie mit Ihrem territorial motivierten Hund aus Ihrer Zimmertür heraus und stehen im Flur plötzlich einem anderen Hund gegenüber, dann hilft unter Umständen nur ein blitzschneller Rückzug, um eine Auseinandersetzung zu vermeiden. Denn dieser Konkurrent hat in den Augen Ihres Hundes direkt vor Ihrer Zimmertür natürlich nichts verloren. Vorn in der Lobby mag er sich ja aufhalten, okay, aber nicht direkt vor Ihrem Zimmer. Das ist zu nah am aktuellen „Urlaubs-Revier“. Solche Begegnungen in den engen Gängen vor den Zimmern zu vermeiden ist leider oft nicht einfach, und so wird jeder noch so kleine Gassigang zu einem wahren Spießrutenlauf.

Im Hotelzimmer selbst klappt meist alles gut – zumindest, solange niemand am Zimmer vorbeigeht oder hereinkommt.

Dass man einen territorial motivierten Hund nicht im Hotelzimmer allein lässt, sollte selbstverständlich sein. Denn die Gefahr, dass eine unbedarfte Reinigungskraft von Ihrem vierbeinigen Zimmerwächter überrascht wird, ist einfach zu groß. Ganz davon abgesehen ist es für viele Hunde schwierig, in einer neuen Umgebung allein zu bleiben, auch wenn sie zu Hause damit keine Probleme haben.

Ferienwohnung / Ferienhaus:

Bei der Suche nach einer Ferienwohnung oder einem Ferienhaus empfiehlt es sich, aus oben genannten Gründen darauf zu achten, dass man einen eigenen Eingang hat. Dadurch wird das Risiko einer unangenehmen Begegnung mit einem fremden Hund vor der Wohnungstür stark reduziert und Sie haben gute Chancen auf einen erholsamen Urlaub. Sind die nächsten Nachbarn etwas weiter entfernt, haben Sie auch mit einem bellfreudigen Wächter keine unangenehmen Beschwerden zu befürchten.

Auch das Ferienhaus wird gut bewacht.

Manchmal sieht man auf den Fotos nicht, ob ein Haus eingezäunt ist und ob es einen separaten Eingang oder direkte Nachbarn hat. Schreiben Sie in dem Fall den Vermieter direkt an und schildern auch die Hintergründe Ihrer Frage. Ich selbst bin bei der Buchung von Ferienhäusern ganz offen und ehrlich, denn es nützt ja nichts, aus Angst vor einer Buchungsabweisung Dinge wie einen meldefreudigen oder mit Artgenossen unverträglichen Hund zu verschweigen, die einem dann doch durch ständigen Ärger mit Nachbarn und Vermieter den Urlaub vermiesen würden. Besser ist es, man geht offen auf die Leute zu, sagt deutlich, was der eigene Hund an Geräuschen voraussichtlich melden wird und fragt, ob das in der Gegend ein Problem wäre. Wenn dies verneint wird, können Sie Ihren Urlaub ohne schlechtes Gewissen antreten, denn die Voraussetzungen wurden im Voraus geklärt.

Haben Sie keine Angst vor Absagen. Ich habe die Erfahrung gemacht, dass ein Urlaub im Ferienhaus erst dann wirklich schön wird, wenn der Vermieter hundefreundlich ist und Verständnis für das hundetypische Verhalten mitbringt, zu dem gelegentliches Bellen und Territorialverhalten nun einmal gehören. Hat er nicht diese Einstellung, dann ist das auch nicht das richtige Ferienhaus für Sie, und Sie werden ein besseres finden. Rücksichtnahme auf andere Menschen in der Umgebung gehört natürlich im Urlaub genauso dazu wie zu Hause. Auch in der Umgebung Ihres Ferienhauses oder Ihrer Ferienwohnung lassen Sie Ihren Hund nicht tun, was er möchte, sondern halten ihn an der Leine und passen gut auf ihn auf, das versteht sich von selbst.

Bahnabteil:

Wir waren vor vielen Jahren mit dem Autoreisezug unterwegs von Wien nach Berlin. Über Nacht hatten wir für zwei Personen und einen Hund ein eigenes Zugabteil reserviert. Unser damaliger Hund hatte keinerlei territoriale Ambitionen und freute sich über den Besuch des Fahrkartenkontrolleurs, der nach einiger Zeit an die Abteiltür klopfte und diese schwungvoll öffnete. Als allerdings der Kontrolleur unseren Hund sah, wurde er zunächst etwas blass um die Nase, bis er bemerkte, dass von diesem Exemplar keine Gefahr ausging. Ich bin mir sicher, dass er in seiner beruflichen Laufbahn so einige unangenehme Begegnungen mit Hunden hatte, die dachten, das Zugabteil müsse gegen den Eindringling verteidigt werden.

In so einer Situation ist es absolut verständlich, dass Hunde recht schnell beginnen, den Raum zu bewachen. Es befinden sich darin schließlich wichtige Dinge, die der Familie gehören, ebenso wie die Familienmitglieder selbst, außerdem sicherlich auch Futter und Wasser für den Hund. Zudem ist der Raum komplett abgeschlossen und sehr klein, also viel zu eng für fremde Menschen, denen man nicht trauen kann. Und es gibt nur eine einzige Tür, durch die Fremde hereinkommen könnten. Diese befindet sich durchgehend im Blickfeld des Hundes. Ein Raum wie eine Festung, geradezu geschaffen zum Bewachtwerden.

Wie im Beispiel der Tierarztpraxis gilt es, den Hund festzuhalten und ihn nicht zwischen sich und den Schaffner zu lassen, wenn dieser für die Kontrolle in der Tür steht. Um zu vermeiden, dass die Tür überraschend geöffnet wird, sollte man diese auf jeden Fall von innen verriegeln. Der Fahrkartenkontrolleur wird dann schon anklopfen, wenn er vorbeikommt, so dass man genug Zeit hat, den Hund zu sichern.

Sich über Nacht ein Abteil mit anderen Reisenden zu teilen ist meines Wissens nach mit Hund nicht erlaubt. Hat man einen territorial motivierten Hund, dann ist das auch nicht empfehlenswert, denn wenn beispielsweise einer der mitreisenden Fremden das Abteil verlassen hat, um zur Toilette zu gehen, kann es gut sein, dass der Hund ihn anschließend nicht wieder hereinlässt.

In der Bahn sowie im gesamten Bahnhofsbereich herrscht grundsätzlich Leinen- und Maulkorbzwang für Hunde, die nicht in einer Transportbox reisen. Befindet man sich aber mit seinem Hund im abgeschlossenen eigenen Abteil, dann darf man ihm den Maulkorb natürlich abnehmen.

Mit dem eigenen Auto unterwegs:

Das Reisen im eigenen Auto ist mit Hund generell eigentlich immer am Praktischsten. Man hat alles dabei, der Hund hat seinen eigenen Platz und man kann häufige Pausen machen. Vom Reisen mit einem nicht territorial motivierten Hund, der sein Auto verteidigt, unterscheidet sich hier nur eines: das Parken.

> *Wenn Sie irgendwo Ihr Auto parken und Ihren Hund aus dem Auto holen wollen, tun Sie bitte zuvor eines: Schauen Sie sich gut um!*

Das ist enorm wichtig. Befinden sich in der Nähe Ihres Autos ein Mensch oder ein anderer Hund, dann warten Sie bitte ab, bis diese sich etwas entfernt haben. Es passiert einfach viel zu oft, dass ein territorial motivierter Hund aus seinem Auto springt und sofort auf jemanden losgeht, der sich zufällig zu nah an diesem Auto befand. Das ist weder die Schuld des Passanten, der meist nicht einmal wusste, dass da gleich ein Hund aus dem Auto springt, noch ist es die Schuld des Hundes. Es sind einzig und allein Sie in der Verantwortung, hier vorausschauend zu handeln und die Lage zu checken, bevor etwas passiert.

Viele territorial motivierte Hunde bestehen darauf, dass Menschen und andere Hunde einen Mindestabstand zu ihrem Auto einzuhalten haben. Dies wird zur Not auch mit Nachdruck deutlich gemacht. Selbst befreundete Hunde dürfen sich oft nicht dem Auto nähern, wenn der Wächter dieses Fahrzeugs daneben steht. Das zu wissen ist von Bedeutung, denn unbedarfte Hunde nähern sich manchmal einfach aus Neugier an, während ihren Menschen meist auch nicht klar ist, in welche Gefahr sich ihr Hund da gerade begibt. Sie selbst aber wissen, was Ihr Hund gleich tun wird, wenn auf einmal ein anderer Hund neben Ihnen und Ihrem Auto auftaucht, und manchmal können nur Sie eine Auseinandersetzung vermeiden. Befinden Sie sich in grundsätzlich neutralem Gebiet und nicht gerade direkt vor Ihrer eigenen Haustür, dann schafft eine einfache Maßnahme in so einer Situation Abhilfe: Entfernen Sie sich gemeinsam mit Ihrem Hund zügig von Ihrem Auto. Egal, was Sie gerade gemacht haben, ob Sie Ihrem Hund Wasser gegeben oder noch in Ihrer Tasche herumgekramt haben – stehen Sie mit Ihrem Hund neben Ihrem Auto und auf einmal taucht ein anderer Hund auf und steuert auf Sie zu, dann gewinnen Sie zügig gemeinsam mit Ihrem Hund Abstand zum Auto. Das ist das einfachste Mittel, eine solche Situation zu entschärfen.

Je weiter Sie sich vom Auto entfernen und je neutraler das Gebiet um Sie herum ist, desto weniger Grund hat Ihr Hund, dem anderen einen Denkzettel zu verpassen. Ist der andere Hund dann verschwunden, können Sie zum Auto zurückkehren und die vorige Tätigkeit abschließen. Besteht aber die Gefahr, dass sich häufiger Menschen oder Hunde Ihnen und dem Auto annähern, sollten Sie sich dort nicht zu lange mit Ihrem Hund aufhalten oder alternativ Ihren Hund in der Zeit sicher ins Auto verfrachten. Haben Sie eine Hundebox im Auto, dann können Sie Ihren Hund dort zum Beispiel schon einmal reinsetzen, die Heckklappe aber noch offen lassen. So hat er Kontakt zu Ihnen und frische Luft, kann aber nichts anstellen.

Wenn Hunde ihr Auto gegen Passanten oder Mitfahrer verteidigen, sollten sie gut gesichert werden.

Im Rahmen einer Fahrgemeinschaft fremde Menschen im Auto mitzunehmen kann ebenfalls unangenehm sein, zumindest dann, wenn der Hund sich im Auto frei bewegen kann. Ist er durch ein Trenngitter oder eine Hundebox gesichert, dann kann er nur bellen, aber zumindest keinen Schaden anrichten. Hat er hingegen mehr Bewegungsfreiraum, dann müssen Sie damit rechnen, dass er sein Auto gegen einen Fremden, der sich auf den Beifahrersitz setzen will, verteidigen wird. Meist kann man eine solche Situation entschärfen, indem man sich in einiger Entfernung zum Auto mit dem Fremden trifft und gemeinsam mit dem Hund zunächst eine kleine Runde spazieren geht. Danach kennt Ihr Hund den Menschen und empfindet es als weniger bedrohlich, wenn dieser nach dem Spaziergang gemeinsam mit Ihnen ins Auto einsteigt. Es gibt aber durchaus Hunde, denen ein so kurzes Kennenlernen nicht reicht und die dennoch heftig reagieren, wenn jemand, den sie nicht zur Familie zählen, sich in ihr Auto setzt. Seien Sie daher vorsichtig.

… ich meinen territorial motivierten Hund mit ins Büro nehmen möchte?

Sie hatten sich das so schön vorgestellt. Ihr Chef hat Ihnen endlich die Erlaubnis gegeben, Ihren Hund mit ins Büro zu nehmen und Sie waren überglücklich, Ihren Hund nun stets bei sich haben zu können. Sie brauchten kein schlechtes Gewissen mehr zu haben, wenn Sie mal Überstunden machten, weil Ihr Hund nicht allein zu Hause sitzen und auf Sie warten musste. Ein Traum wurde wahr! Dachten Sie zumindest …

Ihr Hund ist allerdings nach einigen Tagen der Eingewöhnung der Überzeugung, dass nicht nur Sie zur Arbeit fahren, sondern er ebenfalls. Während Sie am Bürotisch sitzen und sich mit Ihrem PC oder irgendwelchen Papieren beschäftigen, übernimmt Ihr Hund die lebenswichtige Aufgabe, das Büro gegen Eindringlinge zu bewachen. Nach wenigen Tagen der Beobachtung hat er festgestellt, dass Sie überhaupt nicht aufpassen und jedem einfach so Zutritt zu diesem Raum gewähren. Und manche Leute kommen nicht nur herein, sondern verhalten sich dann auch noch so, als würde der Raum ihnen gehören. Sie bewegen sich schnell, viel zu schnell, auf Ihren Tisch zu,

Kleine Hunde werden in Büros eher geduldet, aber auch sie können dort durchaus territoriales Verhalten an den Tag legen.

übertragen Ihnen Aufgaben oder reden mit lauter Stimme. Und das in Ihrem Büro. Das ist doch völlig inakzeptabel, aber Sie scheinen so beschäftigt zu sein, dass Sie gar nichts dagegen tun. Wie gut, dass Sie Ihren Hund dabei haben, der wird sich dieser chaotischen Situation mal annehmen.

Tatsächlich wurde ich während meiner Tätigkeit als Hundeverhaltensberaterin des Öfteren nicht nur in Privathaushalte, sondern auch in Büros eingeladen, weil so manche Hunde auch dort ein derart ausgeprägtes Territorialverhalten an den Tag legten, dass selbst der tierfreundlichste Chef irgendwann seinem Angestellten signalisierte, dass es so einfach nicht weitergeht. Und auch ich selbst habe mit meiner Australian Shepherd Hündin die Erfahrung machen müssen, dass ein Büroraum genauso heftig gegen „Eindringlinge" verteidigt werden kann wie ein Zimmer im eigenen Haushalt.

Was tut man dagegen?

Wie so oft, gibt es auch hier kein Patentrezept. Bei meiner eigenen Hündin war es so, dass nicht nur Territorialverhalten die Ursache für ihre heftigen Attacken war, sondern auch ihre damals noch große Angst vor der Annährung fremder Menschen. Ihre Unsicherheit hat ihre Attacken so sehr verstärkt, dass sie sich schon nach einem Tag fast ein Hausverbot eingehandelt hätte. Ihr konnte ich helfen, indem ich eine große Transportbox mitgenommen habe, die an drei Seiten komplett abzudunkeln war. Die nicht abgedunkelte Seite drehte ich mir zu, der Blick zur Zimmertür war selbstverständlich nicht frei, sonst hätte sie trotzdem gebellt. In ihrer Box fühlte sie sich sicher und konnte sich entspannen. Anfangs habe ich ihr noch Leckerlis gegeben, wenn jemand das Büro betrat, um dies mit einer positiven Stimmung aufzuwerten. Außerdem wurde ihr dadurch, dass sie nur mich anschaute und nicht denjenigen, der das Büro betrat, signalisiert, dass ich die Rolle des Aufpassers selbst übernehme. Das hat wunderbar geklappt und im Laufe der Zeit wurde sie immer entspannter, so dass sie bald sogar mit Blick zur Tür Ruhe bewahren konnte.

Dies ist sicherlich auch für viele andere Hunde eine mögliche Alternative, vorausgesetzt, sie lieben ihre Box als Rückzugsort und Schlafplatz ebenso wie meine Hunde es tun. Allerdings muss man immer abwägen, wie viel Zeit der Hund in so einer Box verbringen muss und wie groß diese im Vergleich zu seiner Körpergröße ist. Wird es zu eng, so dass der Hund sich nicht lang ausstrecken kann, ist ein stundenlanger Aufenthalt in der Box dem Hund natürlich nicht zumutbar, schon gar nicht jeden Tag. In unserem Fall war es nur einmal im Monat nötig, und dafür war es eine gute Lösung.

Bei einem großen Hund, der jeden Tag die komplette Arbeitszeit mit im Büro verbringt, ist es sicherlich empfehlenswerter, eine Büroecke, in der sein Hundebett liegt, für ihn abzugrenzen. Dann hat er mehr Bewegungsfreiheit. Diese Ecke sollte möglichst hinter Ihrem Schreibtisch gelegen sein, im Idealfall so, dass Sie zwischen der Hundeecke und der Tür sitzen und arbeiten. Neigt Ihr Hund dazu, hervorzuspringen und Hereinkommende zu attackieren, dann sollte er zusätzlich mit Geschirr und Leine gesichert werden. Sie können ihm sogar – mit Genehmigung Ihres Chefs – eine richtige Höhle in seiner Ecke bauen, die nach außen blickdicht ist. So kriegt er weniger von dem Treiben im Büro mit und kommt auch besser selbst zur Ruhe.

Meist wirkt es schon stark beruhigend, dass der Hund nicht ständig sieht, wie jemand zur Tür hereinkommt. Mit einem Sichtschutz zu arbeiten, ist daher immer einen Versuch wert.

Manchmal ist trotz dieser wichtigen Managementmaßnahmen noch ein wenig Training notwendig. Hierbei stellt sich natürlich immer die Frage, inwieweit Sie dies mit Ihrem beruflichen Alltag vereinen können. Denn Sie sind schließlich zum Arbeiten im Büro und nicht, um mit Ihrem Hund zu üben. Vielleicht können Sie dies trotzdem nach Absprache mit Ihrem Chef irgendwie mit einbauen. Wie immer kommt es hier auf das richtige Timing an und das ist zugegebenermaßen eine Herausforderung, wenn man sich gleichzeitig mit der Büroarbeit beschäftigt, denn Sie müssen trotzdem immer ein Auge auf Ihrem Hund und dem Geschehen draußen im Flur haben. Multitasking ist also gefordert.

Lauschen Sie auf die Geräusche draußen und beobachten Sie Ihren Hund. Hören Sie draußen sich nähernde Schritte und bewegt Ihr Hund sein Ohr oder hebt den Kopf, dann sprechen Sie ihn in ruhigem, freundlichem Ton an und werfen ihm ein Leckerli zu. – Gut gemacht! Er hat aufgepasst und Sie haben seine Signale wahrgenommen, ohne dass er bellen musste. Sie haben ihm dadurch gezeigt, dass Sie gut genug auf ihn achten, um auch so zu sehen, dass er etwas gehört hat.

Je nachdem, wie stark Ihr Hund darauf reagiert, wenn jemand das Büro betritt, können Sie auch in dieser Situation entweder einzelne Leckerchen geben und ihn ruhig loben oder aber zum Dauerfüttern übergehen, zum Beispiel aus der Futtertube. Natürlich, immer bevor er zu bellen anfängt und

Bürohunde brauchen genau wie wir Menschen Pausen zur Entspannung.

nicht erst, wenn er schon dabei ist. Futter hilft Ihrem Hund, sich bei großer Aufregung zu beherrschen, und gleichzeitig wird die Situation dadurch positiv aufgewertet.

In aller Regel beruhigen sich auch territorial motivierte Hunde nach einer Weile, wenn sie die Kollegen, die das Büro regelmäßig durchqueren, kennen und durch Ihr Engagement und gutes Timing mit Belohnung und ruhigem Lob, also positiven Dingen, verknüpfen. Problematisch wird es aber, wenn Ihr Büro von immer wechselnden Fremden frequentiert wird. Hier müssen Sie wirklich ganz individuell schauen, ob Ihr Hund sich auf die Managementmaßnahmen und die Übungen zur positiven Aufwertung der Situation einlässt und Ihnen glaubt, dass die Situation wirklich ungefährlich ist, oder ob ihm das zu heikel ist.

Geben Sie nicht zu schnell auf, wenn Ihr Hund nicht sofort auf das Management und die Übungen anspricht. Vielleicht haben Sie den Blick zur Tür doch nicht gut genug abgeschirmt und er kann noch Schatten erkennen, die ihn aufregen? Oder Ihr Timing ist nicht präzise und Sie loben ihn erst, wenn er

schon gebellt hat? Oder Ihr Verhalten wirkt fahrig und unsicher auf Ihren Hund, was bei ihm nicht gerade Vertrauen in Ihre Fähigkeit, den Raum selbst zu bewachen, weckt? Es gibt wie immer viele Stolperfallen. Wenn Ihr Hund nicht erwartungsgemäß reagiert, überprüfen Sie zunächst, ob Sie auch wirklich alles richtig gemacht haben, und korrigieren Sie gegebenenfalls sich selbst.

Wenn das alles nicht klappt und Ihr Hund sein Verhalten eher verstärkt als verbessert, überlegen Sie sich Alternativen. Es macht keinen Sinn, einen territorial motivierten Hund jeden Tag im Büro enormem Stress auszusetzen, weil er sich einfach nicht entspannen kann und es kaum erträgt, dass ständig fremde Menschen den Raum betreten. Haben Sie das Gefühl, dass Ihr Hund mit der Situation nicht zurechtkommt und er Mühe hat, seinen Impuls, all diese fremden Leute zu vertreiben, zu beherrschen, dann ist es tatsächlich besser, für ihn eine Tagesbetreuung zu suchen oder ihn zu Hause zu lassen, insofern er nicht zu lange dort allein auf Sie warten muss. Denn dauerhafter Stress kann krank machen. Wir dürfen von unseren Hunden auch nicht zu viel verlangen. Sie sind nun einmal Hunde und sie werden viele Dinge in unserer hektischen Welt vermutlich niemals wirklich verstehen.

… ich derjenige bin, der in einem Haushalt mit einem territorial lebenden Hund zu Besuch kommt?

Bisher haben wir die ganze Angelegenheit immer aus der Perspektive des Menschen betrachtet, der mit einem territorial motivierten Hund zusammenlebt. Interessant ist es aber auch, den Spieß einmal umzudrehen und sich in die Lage des Besuchers zu versetzen, der an der Haustür klingelt und wahrnimmt, dass drinnen sofort wildes Gebell ertönt. Wie sollte man sich möglichst verhalten, wenn die Familie, zu der man eingeladen wird, dieses Buch noch nicht gelesen hat und nicht so recht weiß, wie sie mit ihrem pflichtbewussten Hund umgehen soll? Oder wenn die Menschen allen Ernstes glauben, der Hund begrüße den Besucher freundlich, während jener sich bereits ernsthaft bedroht fühlt?

Während meiner Arbeit als Hundeverhaltensberaterin habe ich häufig Hausbesuche bei territorial motivierten Hunden gemacht. Das war immer wieder spannend, da ich nie wirklich wusste, was mich erwartete und ob die Menschen, die ich gleich treffen würde, überhaupt in der Lage waren, das Verhalten ihres Hundes zu kontrollieren oder auch nur richtig einzuschätzen, was dieser gleich tun wird oder welche Motivation überhaupt dahintersteckt. Häufig waren sie mit der Situation heillos überfordert oder deuteten gar das Verhalten ihres Hundes fälschlicherweise als Freude, weil er vor Aufregung mit dem Schwanz wedelte, während er versuchte, mich aus seinem Revier zu vertreiben. So gab es auch ein paar eher unangenehme Situationen. Aber gebissen wurde ich nie. Sofern man weiß, wie man sich zu verhalten hat, gibt es durchaus Möglichkeiten, bei der Konfrontation mit einem territorial motivierten Hund in dessen Revier aktiv die Situation zu entschärfen und den aufgebrachten Hund zu beruhigen. Darauf möchte ich in diesem Kapitel eingehen.

Das soll natürlich keineswegs bedeuten, dass Sie Ihren Hund nun wieder ungehindert auf Besucher und den Postboten zustürmen lassen können und sich damit aus der Verantwortung ziehen. Die Pflicht, dafür zu sorgen, dass Ihr Hund niemanden bedroht oder bedrängt, aus welchem Grund auch immer, liegt bei Ihnen. Ich möchte Ihnen nur ein paar Tipps mit auf den Weg geben, falls Sie selbst mal in der Rolle des Besuchers in eine solche Situation geraten sollten.

Nehmen wir an, Sie betreten ein Haus oder einen Garten, in dem ein territorial motivierter Hund lebt, und auf einmal kommt der Hund um die Ecke geschossen und startet einen Scheinangriff[12] gegen Sie. Wie verhalten Sie sich am besten?

Mein Rat:

Bleiben Sie stehen, bewegen Sie sich nicht, und schauen Sie zur Seite. Atmen Sie ruhig und behalten Sie Ihre Hände nah am Körper.

Würden Sie in so einer Situation dem Hund in die Augen sehen, auf ihn zugehen und womöglich gar nach ihm greifen, dann würden Sie einen Angriff provozieren, denn ein solches Verhalten sieht der Hund als Bedrohung an. Tun Sie das nicht, sondern verhalten Sie sich unbedrohlich. Stellen Sie sich vor,

12 Ich schreibe hier ganz bewusst „Scheinangriff", denn die Absicht des Hundes besteht zunächst einmal nicht darin, den Eindringling zu verletzen, sondern darin, ihn zu vertreiben. Das klappt am besten, wenn man Eindruck zu schinden versucht und so tut, als wäre man unglaublich stark und bedrohlich. Mehr steckt im ersten Augenblick in aller Regel nicht dahinter. Erst wenn der Eindringling sich daraufhin bedrohlich verhält oder aber wegrennt, könnte die Situation wirklich eskalieren; siehe dazu auch die bereits beschriebene Eskalationsleiter.

Sie wären ein Laternenpfahl. Ein Laternenpfahl, dem total langweilig ist und der daher vollkommen tiefenentspannt in der Gegend herumsteht und ins Leere guckt. Wenn Sie es schaffen, so langweilig und unbedrohlich rüberzukommen, wird der Hund keinen Anlass sehen, Sie zu attackieren.

Hat der Hund sich beruhigt, sind hoffentlich bald seine Menschen zur Stelle, um Ihnen zu helfen. Wenn keiner auftaucht, was normalerweise natürlich niemals vorkommen sollte, machen Sie keine schnellen Bewegungen, sondern ziehen Sie sich ganz langsam rückwärtsgehend zurück.

Ich selbst habe einige Situationen erlebt, die vor allem deshalb brisant waren, weil die Menschen einfach nicht wussten, wie sie sich verhalten sollten, und ihre Hunde tun ließen, was ihnen als Erstes in den Sinn kam. Da aber Hunde aufgrund der ihnen fehlenden Informationen oft nicht in der Lage sind, die Gefährlichkeit einer Situation richtig zu beurteilen, kam es zu – aus menschlicher Sicht – unangemessenen Reaktionen.

Da gab es zum Beispiel den Rauhaardackel, der von seinen Menschen immer in den Hof hinausgelassen wurde, wenn Besuch kam, weil diese der Meinung waren, der Hund müsse die Leute doch begrüßen, „damit er sieht, dass die nett sind“. Während dieser „Begrüßung“ spürte ich dann auch gleich die kleinen Dackelzähne an meinen Waden, denn der völlig überforderte Hund wusste sich einfach nicht anders zu helfen. Er sah natürlich nicht, dass ich nett war, sondern nur, dass ich als fremder Mensch sein Haus betreten wollte und offenbar niemand außer ihm etwas dagegen tat, sondern im Gegenteil seine Leute ihn vorausschickten und von ihm ganz offensichtlich die Gefahrenabwehr erwarteten. Vielleicht trauten sie sich selbst nicht, mich zu vertreiben, und deshalb sollte er diese Aufgabe übernehmen. Armes kleines Dackeltier, das so eine Last auf den Schultern trug. Das Problem war hier relativ leicht zu lösen. Als die Leute dazu übergingen, die Besucher selbst zu begrüßen und ins Haus zu lassen, statt immer ihren Hund vorauszuschicken, entspannte sich dieser schnell. Ich vermute, er war über diese Wendung sehr erleichtert.

Ähnlich war es mit der jungen Australian Shepherd Hündin, die eigentlich sehr menschenfreundlich, aber eben auch territorial motiviert war. Sie ließ mich hinein, blieb dann aber hinter mir und versuchte, meine Bewegungen im Raum zu kontrollieren, indem sie meinen Unterarm zwischen die Zähne nahm, sobald ich mich regte. Nur ganz leicht.

Wenn ich mich nicht bewegte, legte sie sich hin. Sobald ich einen Schritt machte, war sie wieder hinter mir. Sie machte ihren Job wirklich gut. Sie hatte bloß noch nicht verstanden, dass dies nicht das Verhalten war, das ihre Menschen sich von ihr wünschten.

Da sie einen guten Grundgehorsam hatte und nicht sehr impulsiv war, konnte in ihrem Fall durch ein einfaches Ablegen und Bleiben im Hundebett, das in einer Ecke der Küche stand, eine Lösung gefunden werden. Das war für sie ein akzeptables Alternativverhalten.

Sehr viel gefährlicher war ein extrem unsicherer Appenzeller Rüde, der mit seinen Menschen in einer kleinen Wohnung lebte und vollkommen ausrastete, sobald ein Besucher durch die Tür hereinkam. Dieser Hund stürzte auf mich zu und nahm meinen Arm zwischen die Zähne. Er war so aufgeregt, dass ich mir sicher bin, er hätte vor lauter Überforderung auch zugebissen, wenn ich mich weiter in den Raum hinein bewegt hätte. Ich blieb an der Tür stehen, schaute nur die Menschen an und sprach ganz ruhig mit ihnen. Daraufhin beruhigte sich der Rüde etwas, behielt mich aber weiter im Auge. Ich konnte schließlich den jungen Mann bitten, den Hund wegzunehmen, damit ich mich an den Tisch setzen konnte. Sobald ich mich bewegte, war der Hund gleich wieder völlig aus dem Häuschen. Wenn ich still saß, beruhigte er sich und knurrte nur leise. Ich war mir sicher, dass dieser Hund für Besucher, die sich falsch verhielten, wirklich gefährlich werden konnte. Ich riet daher, um kein Risiko einzugehen, den Hund an eine große Hundebox zu gewöhnen und mit ihm ein komplettes Training, das auch das Klingeln und die Schritte der Besucher im Treppenhaus einschloss, zu absolvieren. Aufgrund der Enge der kleinen Wohnung gab es kein Extrazimmer, in dem der Hund hätte warten können, während Besucher die Wohnung betreten.

Erschwerend kam hier leider dazu, dass den Menschen das Verständnis für das Verhalten ihres Hundes völlig fehlte. Sie interpretierten viele Situationen falsch. Zum Beispiel wurde der Hund als stur bezeichnet, weil er unter den Wohnzimmertisch gekrochen war, als er ausgeschimpft wurde und geknurrt hatte, als der Mann ihn mit Gewalt darunter hervorzerren wollte. Er hatte sich also aus Angst vor dem schimpfenden Menschen versteckt und hatte durch die gewalttätige Behandlung noch mehr Angst bekommen, die letztendlich auch das Knurren als Versuch der Selbstverteidigung hervorgerufen hatte. Dies so vollkommen misszuverstehen, dass man es als Sturheit interpretiert, ist schon eine harte Nummer. Aus solchen Missverständnissen resultieren leider sehr häufig Probleme mit Aggressionsverhalten, die komplett durch den Menschen und seine Fehldeutung des Hundeverhaltens hervorgerufen werden. Sicherlich trug das fehlende Verständnis für das Verhalten dieses Hundes auch zu dessen großer Unsicherheit bei. Hier wäre also noch sehr viel Basisarbeit notwendig gewesen. Leider brachen die Leute das Training ab. Ich hoffe, dem Hund geht es gut und es ist niemand durch ihn zu Schaden gekommen.

Eine wunderbare Konstellation bildeten eine ältere Dame und ein sehr unsicherer und hoch sensibler Border Collie Rüde. Er reagierte ganz fein auf jedes noch so kleine körpersprachliche Signal und die ältere Dame lehnte, entgegen der bei dem Rest ihrer Familie vorherrschenden Meinung, jede Form von Gewalt gegenüber dem Hund strikt ab, was eine schöne Basis für unsere gemeinsame Arbeit war. Der Border Collie hatte große Schwierigkeiten mit fremden Menschen, die sich in seinem Revier bewegten. Wir probierten einiges aus. Waren wir alle im Garten in Bewegung, war der Hund stets sprungbereit und hatte alles im Blick. Ging ich in eine Richtung, die ihm nicht gefiel, dann bedrängte er mich körperlich und wies mich somit in die Schranken. Er ließ aber sofort von mir ab, wenn ich mich nicht mehr bewegte und von ihm wegsah. Wir gingen auch ein Stück spazieren. Außerhalb seines Reviers war er entspannt und ignorierte mich völlig. Draußen war ich uninteressant. Für Besucher im Garten konnten wir schnell eine simple Lösung etablieren. Lag der Hund nämlich in einiger Entfernung von uns auf dem Rasen, dann war er sofort angespannt und fixierte mich, sobald ich vom Gartenstuhl aufstand. Saß er aber direkt neben der Dame, mit ihrer Hand auf dem Rücken, dann durfte ich mich in einigem Abstand frei bewegen. In dem Fall hatte er den Job des Aufpassers abgegeben. Es galt bei ihm also nur darauf zu achten, dass er stets direkt bei seiner Bezugsperson war, wenn sich Gäste in seinem Revier aufhielten, dann war er gut zu managen.

Mir macht es sehr viel Spaß, mit solch ausdrucksstarken Hunden zu kommunizieren, die mir deutlich zu verstehen geben, was für sie in Ordnung ist und was nicht. Normalerweise würde ich aber ihren Revieranspruch respektieren und ihr Grundstück gar nicht erst betreten. Das tue ich nur, wenn ihre Menschen anwesend sind. Diese bitte ich selbstverständlich, ihren Hund bei sich zu behalten, insofern er mir gegenüber bedrohlich auftritt. Ein territorial motivierter Hund hält nicht viel davon, einen Besucher zu begrüßen und willkommen zu heißen. Und niemand sollte versuchen, ihn dazu zu zwingen. Besser ist es, wenn Hund und Besucher in einem respektvollen Abstand voneinander gehalten werden. Allein durch diese einfache Managementmaßnahme lassen sich viele Konflikte im Voraus vermeiden.

Ressourcenverteidigung – ein Exkurs

In vielen der oben beschriebenen Situationen wurde bereits erwähnt, dass die Anwesenheit von Ressourcen das unerwünschte Verhalten eines territorial denkenden Hundes verstärken kann. Als Ressourcen bezeichnet man alles, was dem Hund generell oder in dieser speziellen Situation als wertvoll erscheint. Situationsbedingt deshalb, weil ein hungriger Hund sein Futter vermutlich als wertvoller einstuft als ein satter Hund. Und ein durstiger Hund wird Wasser höher schätzen als ein Hund, der gerade ausgiebig getrunken hat. Kommt also ein Eindringling in das Revier des Hundes, ist das an sich für einen territorial motivierten Hund schon schlimm genug. Nimmt der dann aber auch noch das Spielzeug oder den Kauknochen des Revierinhabers an sich oder lässt sich gar von dessen Hauptbezugsperson füttern, kann dies das Fass zum Überlaufen bringen und eine handfeste Auseinandersetzung provozieren.

In so einer Situation kann es schnell zu einer Auseinandersetzung um das angebotene Futter kommen.

Territorialverhalten und die Verteidigung von Ressourcen, die sich in besagtem Territorium befinden, gehen Hand in Hand, daher neigen viele territorial motivierte Hunde auch in mehr oder weniger starkem Maße zur Ressourcenverteidigung. Ich habe schon ganz zu Beginn dieses Buches angesprochen, dass Wölfe das Gebiet, in dem sie leben, vor allem deshalb nach außen verteidigen, weil sie auf die vorhandenen Beutetiere angewiesen sind. Auch das ist Ressourcenverteidigung, das heißt, sie stellt einen der Anlässe für territoriales Verhalten dar. Beim Hund ist es nicht anders, auch er verteidigt das Haus vermutlich nicht nur um des Hauses willen, sondern auch weil sich darin seine Ressourcen (sein Wasser, sein Futter, seine Schlafplätze, sein Spielzeug) befinden. Und seine Sozialpartner, seine menschliche Familie sowie weitere zur Familie gehörende Tiere.

Auch Personen können Ressourcenverteidigung auslösen, wobei hier inzwischen auch von Eifersucht gesprochen wird, seitdem nachgewiesen wurde, dass Hunde durchaus in der Lage sind, Eifersucht zu empfinden.[13] Genau wie beim Menschen ist die Ausprägung eifersüchtigen Verhaltens auch bei Hunden individuell sehr verschieden. Hat ein Hund aber beispielsweise ein Problem damit, wenn sein Mensch einen anderen Hund streichelt, dann kann dies dazu beitragen, dass er Hundebesuch in seinem Revier noch heftiger ablehnt als ohnehin schon. Denn zu der Tatsache, dass ein anderer Hund sein Haus oder seinen Garten betreten will, kommt noch die Gefahr, dass der sich von den Mitgliedern seiner Familie streicheln lässt. Allein die Aussicht darauf kann einen eifersüchtigen Hund schon komplett auf die Palme bringen.

13 Den Nachweis erbrachten Christine Harris und Caroline Prouvost von der University of California San Diego im Jahr 2014. Wobei ich finde, dass es manchmal Haarspalterei ist, um diese Bezeichnung zu streiten. Wenn eine Frau eine andere Frau verbal oder gar körperlich angreift, weil diese mit ihrem Mann geflirtet hat, dann kann man das meiner Ansicht nach auch als Ressourcenverteidigung bezeichnen. Eifersucht und Ressourcenverteidigung sind in vielen Fällen im Grunde das Gleiche.

Etwas anders geartet ist die Situation bei Hunden, die ihre Menschen gegen potenzielle Bedrohungen verteidigen. Meist zeigen diese Hunde das Verhalten insbesondere dann, wenn es um Kinder in ihrer Familie geht, und zwar oft nicht erst, wenn das Kind auf der Welt ist, sondern schon wenn ihre Bezugsperson schwanger ist. Es kommt auch vor, dass ein Hund seinen Menschen intensiver verteidigt, wenn dieser zum Beispiel durch eine Krankheit geschwächt ist. Hat ein so gestrickter Hund hingegen einen Menschen an seiner Seite, der souverän und selbstbewusst durchs Leben geht, dann ist er meist ebenfalls entspannt, denn dann gibt es für ihn keinen Grund, diesen gegen mögliche Bedrohungen zu verteidigen.

Hier muss man aber gut beobachten und genau differenzieren, was wirklich die Ursache für das Verhalten des Hundes ist. Denn ich kenne mehrere Menschen, die mir berichteten, ihr Hund würde sie verteidigen, aber wenn man dann genau hinschaute, sah man, dass die Ursache des Verhaltens eine starke Unsicherheit des Hundes war und er nur sich selbst zu schützen versuchte. In so einem Fall muss dem Hund geholfen werden, damit er lernt, entspannter und selbstbewusster durchs Leben zu gehen. Das darf man nicht auf sich beruhen lassen.

Verteidigt ein Hund sein Futter sogar gegenüber seinen eigenen Familienmitgliedern, dann sollte man ebenfalls mit ihm daran arbeiten. Hier geht es allerdings keinesfalls um etwaige Dominanzansprüche. Unter Hunden hat jeder das Recht, sein Futter gegen andere zu verteidigen, sogar ein Welpe darf das. Ein Hund, der sein Futter gegen seine Menschen verteidigt, zweifelt keine

Rangordnung an, sondern er hat lediglich die Befürchtung, dass diese ihm das Futter streitig machen wollen – schließlich ist es aus seiner Sicht kaum vorstellbar, dass wir kein Verlangen danach haben könnten, sein angekautes Schweineohr aufzuessen.

Es hilft also keineswegs, den Hund in so einer Situation mit einem gekonnten Polizeigriff zu Boden zu ringen, ganz im Gegenteil, das macht ihn nur noch misstrauischer. Es gilt, Vertrauen aufzubauen und dem Hund klar zu machen, dass er in Ruhe sein Futter fressen darf und ihm niemand etwas wegnimmt.

Das erreicht man, indem man ihm beim Fressen immer noch mehr gutes Futter hinzugibt. Je nachdem, wie heftig die Reaktion des Hundes ist, kann man das Futter direkt in den Napf legen oder aber ihm zunächst aus sicherer Entfernung hinwerfen. Früher oder später wird jeder Hund merken, dass seine Menschen in der Nähe seines Futternapfes nichts Schlechtes bedeuten, sondern im Gegenteil immer dann, wenn sie in der Nähe sind, noch mehr leckeres Futter hinzukommt.

Die Hündin in der Mitte macht durch ihre Mimik klar, dass der Stock ihr Eigentum ist.

Sind fremde Menschen anwesend, sollten Futternapf und weitere Auslöser wie z.B. Kauknochen aber besser verschwinden, denn nur weil Ihr Hund Ihnen vertraut, heißt das noch lange nicht, dass er andere Menschen nicht trotzdem noch misstrauisch beäugt. Man weiß ja nie, ob die nicht doch seinen Kauknochen klauen und essen wollen.

Ähnlich können Sie auch vorgehen, wenn Ihr Hund zum Beispiel seinen Schlafplatz verteidigt. Abgesehen davon, dass dieser Platz dann in eine wirklich ruhige Ecke gehört und der Hund darauf nicht ständig gestört werden darf, können Sie auch hier beiläufig im Vorbeigehen Ihrem Hund immer mal wieder etwas Gutes hinwerfen, damit er sich merkt, dass Ihre Annäherung etwas Positives ist.

Durch intensive Vertrauensarbeit kann man hier viel erreichen und die Neigung des Hundes zur Ressourcenverteidigung so weit dämpfen, dass sie sich gut in den Alltag integrieren lässt und der Hund keine Gefahr darstellt.

Es ist selbstverständlich, dass mit einem Ressourcen verteidigenden Hund in Anwesenheit von kleinen Kindern, die noch nicht verstehen, wie sie sich verhalten sollten, ganz besondere Aufmerksamkeit und Voraussicht der Erwachsenen gefordert ist und der Hund gegebenenfalls einen Maulkorb tragen oder räumlich vom Kind getrennt sein sollte, um keine unnötigen Risiken einzugehen.

Betreten verboten!

Ein Wort zum Schluss

Territorialverhalten ist ein sehr altes und tief verwurzeltes Bedürfnis, das uns Menschen und unsere Hunde seit Urzeiten verbindet. Der Wunsch, seinen Wohnort, seine Familie, sein Hab und Gut und damit auch seine Sicherheit und seine Lebensgrundlage zu verteidigen, gehört zu den Grundbedürfnissen. Sowohl wir Menschen als auch die meisten unserer Hunde teilen diesen Wunsch in mehr oder weniger starkem Maße.

Wir Menschen bauen Häuser, kaufen Land, ziehen Zäune, tragen (im Großen) Kriege um Landesgrenzen und (im Kleinen) Nachbarschaftsstreitigkeiten aus. Die Verteidigung unseres Besitzes und unserer Lieben ist uns allen ein wichtiges Anliegen. Und je mehr man hat, desto heftiger wird die Verteidigungsbereitschaft. Das geht über die Errichtung wahrer Festungen und die Erfindung immer ausgetüftelter Alarmanlagen bis hin zu dem Bau grauenvoller Waffen und Bomben, mit denen man die gesamte Welt auf einen Schlag vernichten könnte.

Territoriales Verhalten ist uns Menschen nicht fremd, wir leben es sogar noch in weit gefährlicherem Maße aus als alle anderen Säugetiere, daher sollte es uns eigentlich nicht schwerfallen, das Verhalten unserer Hunde zu verstehen. So unähnlich sind wir uns gar nicht.

Was wir Menschen oft nicht nachvollziehen können, ist, dass unsere Hunde nicht zwischen einem Einbrecher und dem Postboten oder einem Besucher unterscheiden können. Es ist immer hilfreich, sich in solchen Situationen zu überlegen, wie der Hund sie wohl wahrnimmt und welche Informationen er hat. Das macht seine Reaktion auch für uns, mit unserer menschlichen Sichtweise, um einiges verständlicher, und wir können unangenehme Situationen schon von vornherein verhindern.

Lassen Sie sich nicht einreden, Ihr Hund sei schwierig oder gar verhaltensauffällig. Territorial motiviertes Verhalten ist Normalverhalten. Es kann aber gefährlich werden, wenn unsere Hunde sich selbst überlassen werden, daher müssen wir Menschen uns unserer Verantwortung bewusst sein und Maßnahmen ergreifen, um das Verhalten unserer Hunde in die richtigen Bahnen zu lenken.

Achten Sie stets darauf, dass Sie Ihrem Hund gegenüber ruhig und freundlich, aber auch konsequent auftreten. Konsequenz bedeutet keinesfalls Härte, sondern Verlässlichkeit. Ein Hund kommt nicht damit klar, wenn er in der gleichen Situation heute dies und morgen etwas anderes tun soll. Haben Sie mit ihm ein Alternativverhalten eingeübt oder ihn an eine Managementmaßnahme gewöhnt, so wie ich es in diesem Buch besprochen habe, dann bleiben Sie auch dabei und etablieren dies als Ritual. Je mehr Ihr Hund sich darauf verlassen kann, dass Situationen immer gleich ablaufen, desto leichter ist es für ihn, angemessen zu reagieren, und desto stressfreier wird der Alltag für alle Beteiligten werden. Probieren Sie es aus.

Buchtipps zum Weiterlesen:

Martina Maier-Schmid: *Grenzen setzen 3.0, Hunden freundliche Orientierung geben*, Kynos Verlag 2020

Günther Bloch / Elli H. Radinger: *Affe trifft Wolf. Dominieren statt kooperieren? Die Mensch-Hund-Beziehung*, Kosmos Verlag 2012

Dr. Ádám Miklósi: *Hunde. Evolution, Kognition und Verhalten*, Kosmos Verlag 2011

Sabrina Reichel: *Leinenrambo. Positiv trainieren – entspannt spazieren*, Kynos Verlag 2014

Sabrina Reichel: *Hilfe, es klingelt!*, Kynos Verlag 2016

Ariane Ullrich: *Impulskontrolle. Wie Hunde sich beherrschen lernen, Mensch-Hund!* Verlag 2011

Inga Jung: *Zappelhunde – Vom Leben mit überaktiven Hunden*, Kynos Verlag, 2014

Wibke Hagemann / Birgit Laser: *Leben will gelernt sein. So helfen Sie Ihrem Hund, Versäumtes wettzumachen*, Birgit Laser Verlag 2013

Teoti Anderson: *Verhaltensoriginell?, Hundeverhalten ändern durch positive Verstärkung*, Kynos Verlag 2018

Über die Autorin

Inga Jung beschäftigt sich seit vielen Jahren mit dem Ausdrucksverhalten von Hunden. Sie hat bei der ATN AG den Studiengang Tierpsychologie Hund mit der Zusatzqualifikation Hundeverhaltensberaterin/-therapeutin absolviert und besucht seit dem Jahr 2005 bei verschiedenen Veranstaltern ausgesuchte Seminare rund um die Themenbereiche Hund und Wolf. Fünf Jahre lang war sie als Hundeverhaltensberaterin aktiv, hat diese Tätigkeit inzwischen aber auf die ehrenamtliche Arbeit für Tierschutzvereine eingeschränkt.

Neben ihren beiden anderen im Kynos Verlag erschienenen Büchern, die sie auf ihrer Homepage www.hunde-verhaltensberatung.de vorstellt, hat sie zahlreiche Zeitschriftenartikel in Hunde- und Haustiermagazinen veröffentlicht und verfasst regelmäßig Blog-Artikel über Hunde- und Tierschutzthemen: www.blog.hunde-verhaltensberatung.de

Sie legt sehr viel Wert auf die Verbesserung der Kommunikation zwischen Mensch und Hund und das Verständnis der hundetypischen Verhaltensweisen. Dabei hat sie die Erfahrung gemacht, dass sich viele der vermeintlichen Probleme, die Menschen mit ihren Hunden haben, schnell von selbst lösen, wenn die Menschen sich auf die Persönlichkeit ihres Hundes einlassen und seine positiven Seiten erkennen und verstärken, anstatt sich immer nur auf seine unerwünschten Verhaltensweisen zu konzentrieren.

Betreten verboten!

Das könnte Sie auch interessieren:

Inga Jung

Zappelhunde

Vom Leben mit überaktiven Hunden

Ihr Hund ist nicht einfach nur lebhaft, sondern geht bei jedem kleinsten Anlass förmlich an die Decke und ist völlig aus dem Häuschen? Er steigert sich in seine Emotionen hinein und wird geradezu hysterisch? Es gibt Tage, an denen er Sie an Ihre körperliche und nervliche Belastungsgrenze bringt? Sie zweifeln an Ihren eigenen Erziehungsfähigkeiten?

Dann haben Sie mit hoher Wahrscheinlichkeit einen überaktiven Hund – und Sie sind damit nicht allein. Hilfe naht! Dieses Buch vereint persönliche Erfahrungen mit zahlreichen Informationen über die möglichen Ursachen überaktiven Verhaltens und gibt Tipps, wie man mit einem „Zappelhund" umzugehen lernt.

Flexicover 200 Seiten, durchgehend farbig

ISBN 978-3-95464-017-1

Martina Maier-Schmid

Grenzen setzen 3.0

Hunden freundliche Orientierung geben

In der Hundewelt herrscht Verwirrung: Man möchte seinen Hund ja gerne freundlich und ohne Zwang erziehen, aber wo sind da die Grenzen? Beziehungsweise – gibt es überhaupt welche? Schließen freundliches, modernes Training und ein Hund, der „seine Grenzen kennt", sich gegenseitig aus?

Keineswegs, zeigt die erfahrene Hundetrainerin Martina Maier-Schmid überzeugend und mit vielen Beispielen. Was Konditionieren und Kommunizieren miteinander zu tun haben, wie wir uns aus alten Denkmustern befreien und lernen, richtig Grenzen zu setzen, ohne dabei grob werden zu müssen, erfahren Sie in diesem Buch.

Hardcover, 128 Seiten, durchgehend farbig

ISBN 978-3-95464-221-2